平井幸弘 著

ベトナム・フエ ラグーンをめぐる環境誌

気候変動・エビ養殖・ツーリズム

古今書院刊

Environmental Topics at Tam Giang Lagoon in Central Viet Nam:

Climate change, Shrimp farming and Tourism

by HIRAI Yukihiro

Kokon- Shoin, Publishers, Tokyo, 2015

はじめに

二〇一三年から一四年にかけて公表された最新のＩＰＣＣ（気候変動に関する政府間パネル）の第五次報告書では、地球温暖化によって今後二一世紀末までに、海面水位が二六～八二センチ上昇すると予測されている。そのような海面上昇に対して、きわめて低平・低湿で、古くから多くの人々が居住してきたデルタ地帯や、河川と海とが出会う大河川の河口やラグーンなどの汽水域、また海水温の上昇にも敏感なサンゴ礁地域などでは、自然のみならずそれぞれの地域社会に対して、大きな影響が及ぶと懸念されている。

本書の舞台であるベトナム中部フエのラグーンは、標高数メートル以下の海岸地帯に位置し、二カ所の湖口を通じて外海とつながっている。その湖水は、雨季と乾季では異なるが、おおむね淡水～汽水となっている。そのため、フエのラグーンおよび周辺低地や海岸地帯は、将来の海面上昇によって、洪水の頻発や激化、また海とラグーンを隔てる砂州の決壊や海岸侵食の深刻化、さらには湖水の塩分濃度の変化や、湖岸低地と海岸砂丘地下の淡水層への塩水侵入など、地域の自然や生態系に大きな影響が及ぶと予想される。そしてこれらの影響は、地域の漁業や養殖業、農業などの生業、また住民の水利用などにも、深刻な問題を引き起こす可能性がある。

そこで第Ⅰ部では、「気候変動、海面上昇への対応」として、まず最初に一九九九年十一月のベトナム中部での大洪水時に、フエのラグーン地域でいったい何が起こったのかについて報告する（第1章）。次に大洪水から一〇年以上が経った現在、このラグーンの海岸地帯で進行している深刻な海岸侵食について、三つの事例を報告する。一つは、一九九九年の大洪水直後の激しい海岸侵食によって、追われるように約一八〇世帯が移転し、さらに二〇〇七年以降にも約六〇世帯の移転が急がれているハイズゥン村（第2章）、次にビーチリゾートで有名なトゥンアン町のやせ細る砂浜（第3章）、そして、海岸砂丘の下からチャンパ王国時代のレンガ造りのタワーが発見されたプーディエン村（第4章）の事例である。

一方、フエのラグーンでは一九九九年の大洪水後、大規模かつ集約的な輸出用のエビ養殖が急増した。現在私たち日本人が消費しているエビの九〇％以上が輸入品で、その輸入相手国はベトナムが第一位である。そこで第Ⅱ部では、「持続的エビ養殖に向けて」とし、まずベトナムでのエビ養殖の拡大と、フエのラグーン域でのエビ養殖の実態について紹介する（第5章）。そして、ラグーンでのエビの養殖形態を六つの類型に整理し、ラグーンおよびその周辺での、エビ養殖の拡大とそれに伴う洪水、水質汚染、地下水汚染などの環境問題について考えた（第6章）。そして、最も新しい養殖形態である海岸砂丘上の大規模養殖が集中するヴィンアン村での地下水問題（第7章）と、ラグーンに面した水田がエビ養殖池に転用されたクアンタン村での、安全野菜の生産と水環境問題（第8章）について報告する。

第Ⅲ部では、「新たなツーリズムの芽生え」として、まず最初にベトナムにおける湿地・湖沼の保護と、ラムサール条約登録湿地について整理し、フエのラグーン湖岸で始まったマングローブ林の保全と再生の取り組みについて紹介する（第9章）。フエ及びその周辺地域には、ツーリズム開発に関わるＪＩＣＡ（国際協力機構）の職員や青年海外協力隊の隊員が、複数派遣されている。その活動拠点の一つである、フエのラグーンに注ぐオーロウ川沿いにある伝統的集落、フックティック村をめぐるツーリズムについて紹介する（第10章）、そして、フエ市街地を貫流するフオン川の中州の村・ヘン島を訪ね（第11章）、最後にフエの旧王城内に点在する、多数の堀や大小の池沼など、身近な水辺の意義と活用について提言したい（第12章）。

本書は、主として二〇〇〇年～一三年の間の、筆者の研究テーマに沿って、Ⅲ部12章に分けて構成した。

Ⅰ部、Ⅱ部、Ⅲ部それぞれ最初の章は、各テーマの全体に関わる概要的な記述である。それに続くそれぞれ三つの章は、二〇一〇年の現地調査、および二〇一二年度一年間のフエ農林大学での在外研究と、フエの街での生活体験もとに執筆したものである。それぞれの話題についてなるべくわかりやすいよう、多くの写真を付したので、実際に現地を訪ねている気分で気楽に読んでいただければ幸いである。

目次

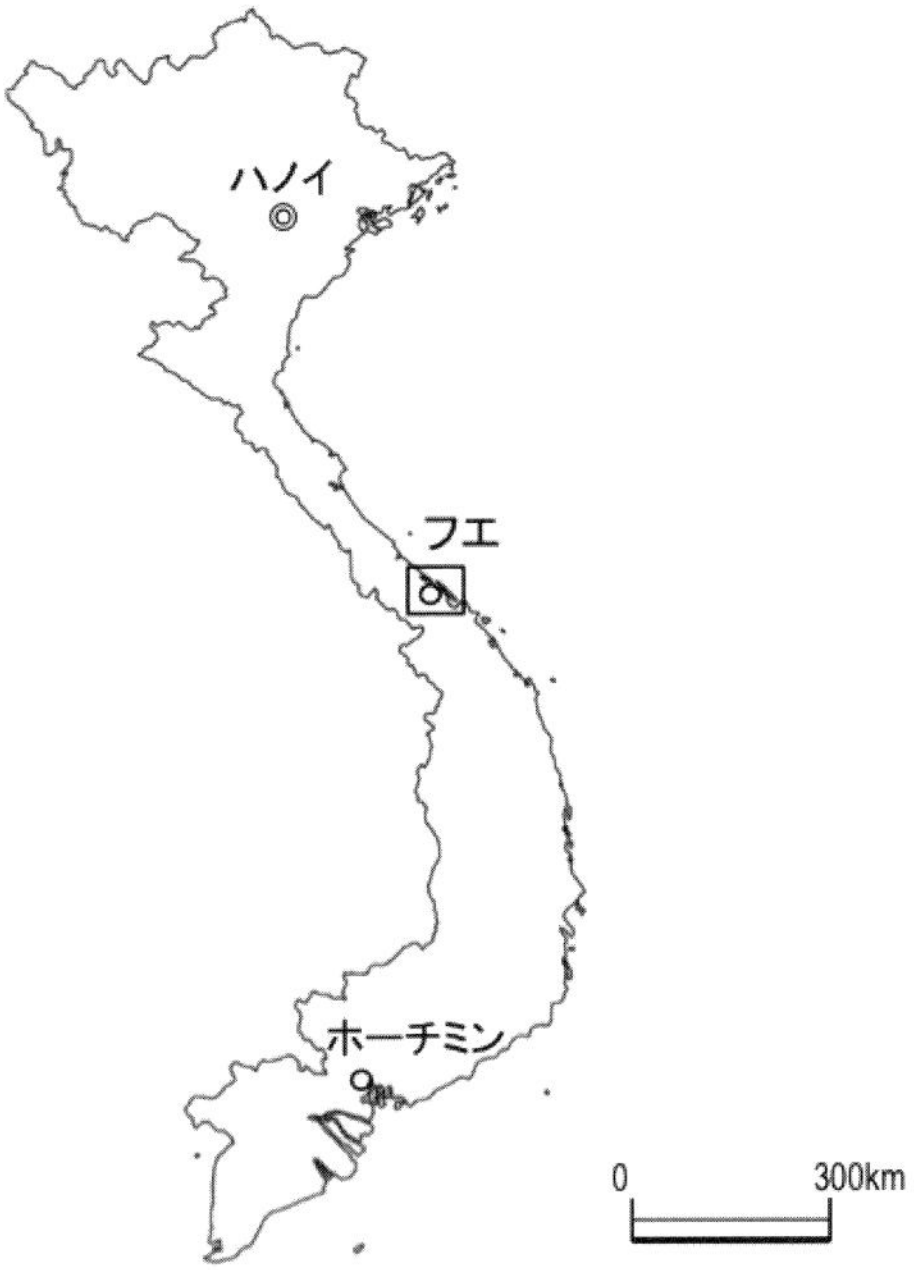
ハノイ
フエ
ホーチミン
0
300km

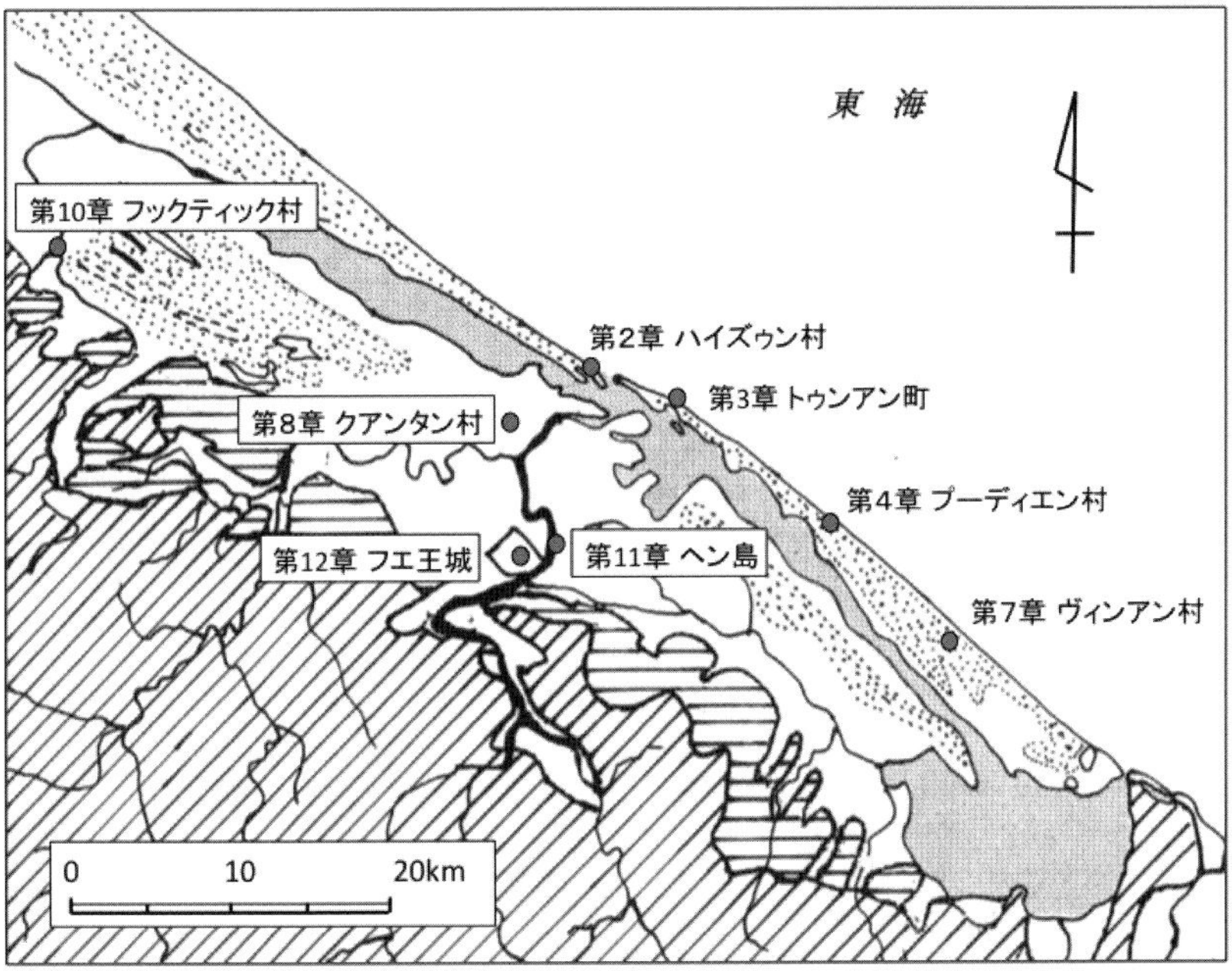
東　海
第10章 フックティック村
第2章 ハイズゥン村
第3章 トゥンアン町
第8章 クアンタン村
第4章 プーディエン村
第12章 フエ王城
第11章 ヘン島
第7章 ヴィンアン村
0
10
20km

VND（Vietnam Đồng：ベトナムドン）は、ベトナムの通貨単位で、筆者が 1 年間フエに滞在した 2012 年は 1 円＝ 250 VND 前後であった。その後円安となり 2015 年 1 月現在 1 円 =180 VND 前後で、本文中では便宜的に 1 円＝ 200 VND として計算した。

本文中の写真は筆者撮影。

I 気候変動、海面上昇への対応

1999年の大洪水をきっかけに、湖口西側のハイズゥン村では激しい海岸侵食に見舞われた。

1　一九九九年のベトナム中部大洪水

一九九九年一一月、ベトナム中部の海岸地帯では約一週間に二〇〇〇ミリを越える大雨に見舞われた。その大雨よって、死者七一一人、行方不明者二三三人、被災者一〇〇万人以上、被害総額三一億三五〇〇万ドルの大災害が発生した。なかでも、ベトナム中部の都市フエでは、年平均降水量二八六八ミリの八〇%に相当する二二九四ミリの豪雨となり、海岸地帯に広がるラグーン地域では、湖水位が最高四メートルまで上昇し、ラグーンと海とを隔てる砂州が複数箇所で決壊した。

そのため海岸地帯の集落では、家屋の流出や倒壊、溺死者の発生など大きな被害となった(1)。そのような洪水による海岸の砂州の決壊は、一九五三年の洪水以来四六年ぶりの出来事であった。また一九九九年の洪水では、洪水による直接的な被害だけでなく、洪水後に一部の海岸で激しい侵食が発生し、砂州や砂丘上の集落の家屋が多数の倒壊し、同時に海岸低地では飲用の井戸水への塩水侵入という深刻な問題も起こった。

そこでまず第1章では、一九九九年の大洪水で、フエのラグーン地域でいったい何が起こったのかについて整理しておきたい。

---

(1) 平井幸弘・グエン ヴァン ラップ・ター ティ キム オアン（2001）1999 年ベトナム中部洪水災害　地理　46（2）94 ～ 102.

砂丘とラグーンが連なる海岸平野

インドシナ半島東部のラオス・ベトナムの国境付近を走るアンナン（安南）山脈は、ベトナム中部で東海に迫っている。ここでの「東海」とは、一般には南シナ海と呼ばれる中国本土南部とインドシナ半島、ボルネオ（カリマンタン）島、フィリピン諸島、および台湾に囲まれる海域のことで、ベトナムでは国土の東方の海と言う意味でこう呼んでいる。

一九九九年の洪水被害が集中したトゥアティエン・フエ省では、アンナン山脈の東斜面に源を発する、北から順にオーロウ川、ボー川、フオン川、ノン川、チュオイ川、カウハイ川などの諸河川が海に注ぎ、海岸線との間に幅十数キロの海岸平野を作っている。これらの河川のうち最大の流量を誇るのがフエ市街地を貫流するフオン川で、とくに雨季と台風期には流量が多く流れが早いため、大量の堆積物が下流の海岸平野まで運搬される。しかし乾季には、タオロン河口堰が整備される以前は、塩水が平野の奥深く、河口から約三〇キロ上流まで侵入する河川であった。

トゥアティエン・フエ省の海岸平野の最も海岸寄りには、標高が最高三〇メートル以上の砂丘が発達している。その内陸側には海岸線と並行するように、幅一～最大約一〇キロ、平均深度一・五～二・〇メートルの複数のラグーンが、延長約七〇キロにわたって連なっている。このラグーンは全体としてタムジャン‐カウハイラグーンと呼ばれ、総面積二四八・八平方キロを有するベトナム最大の湖で、日本の霞ヶ浦の約一・五倍の広さである。

タムジャン‐カウハイラグーンは、海岸に沿って細長いひと続きの水域をなしているが、ベトナムの大縮尺の地形図では、後述する二カ所の湖口との位置関係から、北東側からタムジャン、タンラム、ハチュラン、

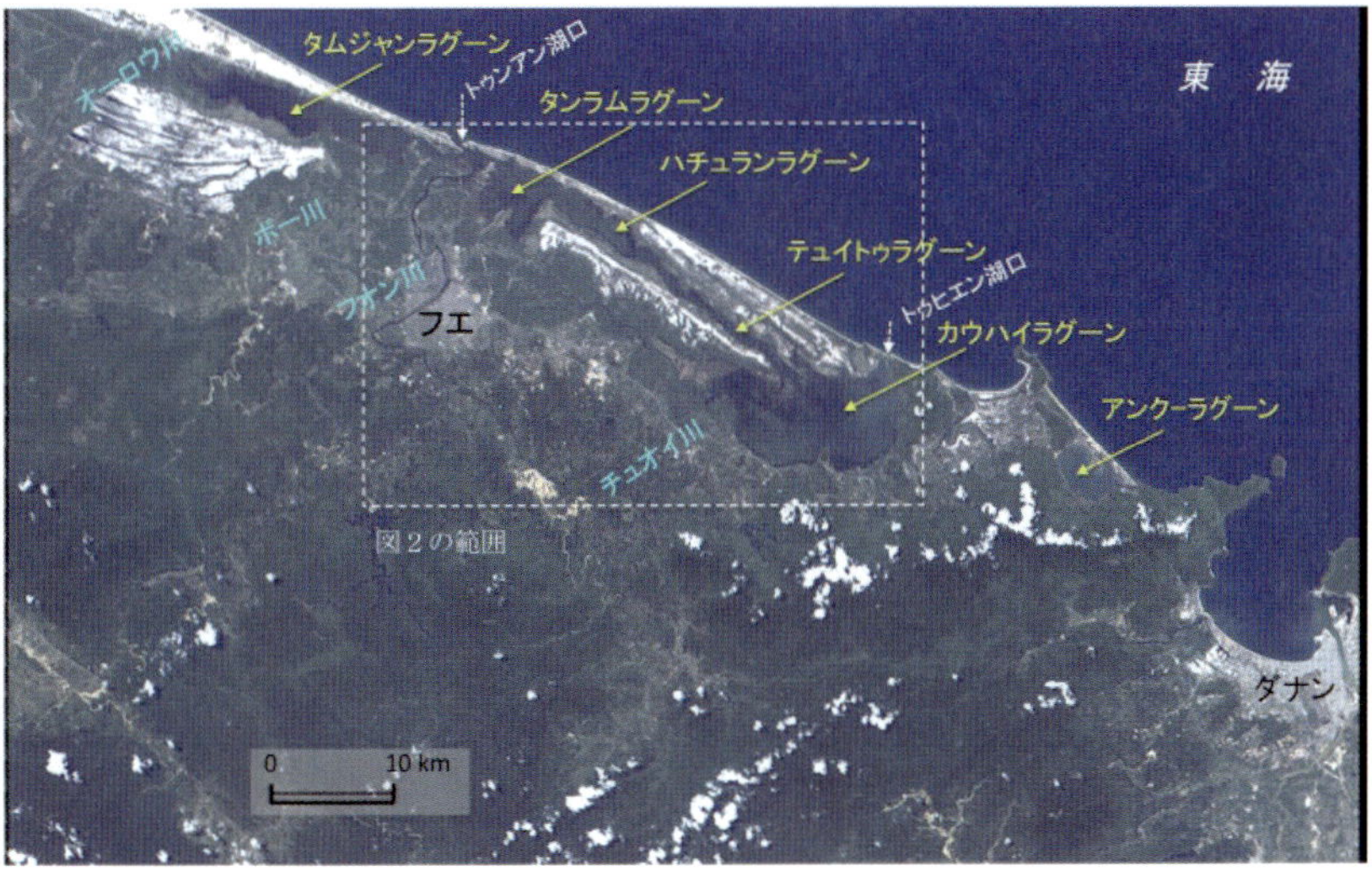

図１　タムジャン - カウハイラグーンの位置
（2009 年 6 月 30 日撮影の ALOS AVNIR-2 のトゥルーカラー画像）

テュイトゥおよびカウハイと言う五つの固有の呼称が付されている(図1)。本書では、これらの地区ごとの呼称を用いず、ラグーン全体を示す呼称として、以下、タムジャンラグーンと呼ぶことにする。現在のタムジャンラグーンは、中央のフオン川河口沖合いのトゥンアン湖口と、東部のトゥヒエン湖口の二カ所で外海とつながっている。ただしこの二カ所の湖口は、長期的に安定したものではなく、次に述べるようにその位置は、歴史的に大きく変遷してきた。

歴史的変遷を繰り返した湖口

タムジャンラグーンでは、陳王朝（一二二五〜一四〇〇年）の初期には、ラグーン東端のトゥヒエン湖口だけが開いていたとされる。この時代には、現在のラグーン中央のトゥンアン湖口は存在せず、フオン川は山麓の更新世段丘とラグーンとの間に広がる氾濫原を南東方向に流れ、カウハイラグーンに流入していた。その名残りは、現在のＡＬＯＳ（陸域観測技術衛星）の衛星画像でも伺うことができる（図２）。

しかし、その後次第にフオン川からの水が排水不良となり、

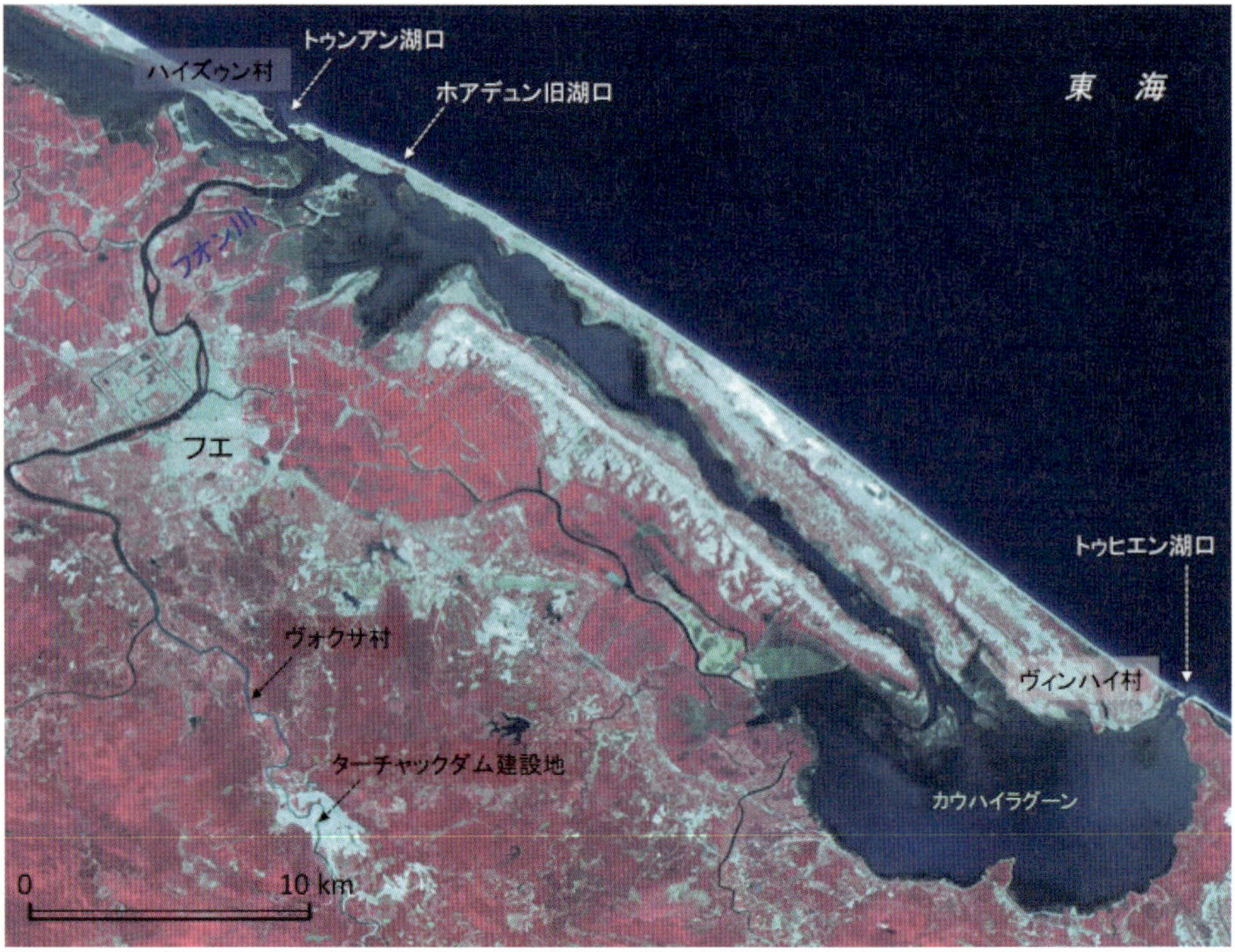

図2 タムジャン - カウハイラグーンの新旧の湖口
（2009年6月30日撮影のALOS AVNIR-2のフォールスカラー画像）
フエ市街地の東側に広がる氾濫原には、かつてフオン川が東側のカウハイラグーンに注いでいた時期の旧流路と推定される流れが見られる。

ついには一四〇四年に当時のフオン川の河口から最短で海へ流れ出るような水路が新たに形成された。これが現在のトゥンアン湖口の約三・五キロ東側のホアデュンの部分に当たり、それ以来こちらが主湖口となった。そのため、ラグーン東端のトゥヒエン湖口は副次的なものとなり、洪水時には開口するものの、しばしば自然閉塞するようになった(2)。

一四〇四年以降、現在のトゥンアン湖口からホアデュンからにかけの範囲がタムジャンーカウハイラグーンの主湖口となった。しかしその湖口の位置や形状は、自然お

（2） Ministry of science, technology and environment (2001) Integrated report of the research on project to recover and make suitable coastal estuary in Thuan An - Tu Hien and Tam Giang - Cau Hai lagoons. Hanoi.

よび人為的要因で何度も変化してきた。例えば後黎王朝（一四二八～一七八九年）は、一四六七年にホアデュン湖口を人為的に締め切ったが、その締め切り三十年余り後の一四九八～一五〇五年の間に、再び開口した。ところが、一八八九年にはフオン川河口付近の流路が変わって、現在のトゥンアン湖口の部分に新たな開口部が形成された。この新しい湖口は、一八九七年にいったん自然に部分閉塞するが、一九〇四年にホアデュン湖口が人為的に締め切られると再び開口し、現在のトゥンアン湖口となった。

一九〇四年以降一九九九年十一月の洪水までの九五年間、トゥンアン湖口がタムジャンラグーン中央部で唯一の湖口となった。しかし、一九五三年までは、湖口東側の砂州が西側の砂州の外側に細長く延び、湖口は北西方向の細長い水路状になっていた。そして一九五三年の洪水で、細長く延びていた東側の砂州約七キロが侵食されてしまった。そのときそれ以来、トゥンアン湖口の左岸側では侵食が進み、水路の中心軸は徐々に北西方向に移動してきた（図３）。なお、一九五三年の洪水では、フオン川の塩水遡上を防ぐ目的で河口部分に設けられていた、長さ二千メートルの石積みの河口堰が決壊している。

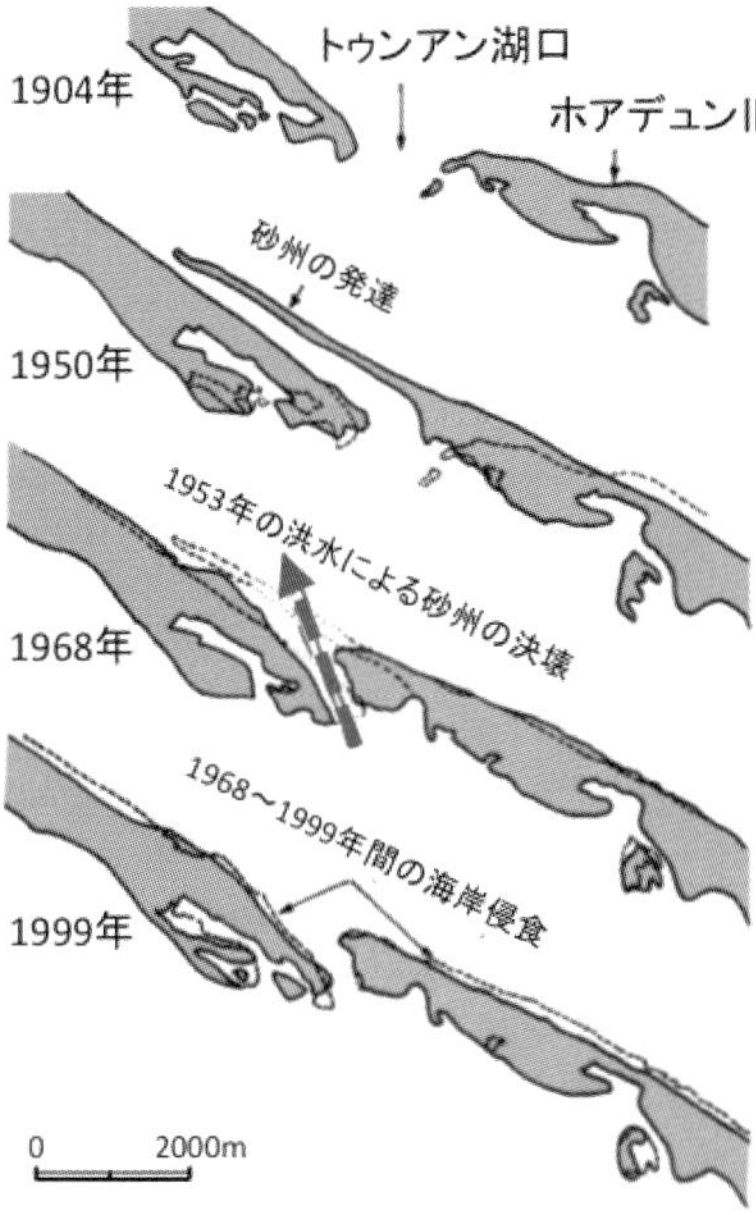

図３　1904年から1999年の大洪水直前までのトゥンアン湖口の地形変化

一九九九年の大洪水による砂州の決壊

一九九九年の大洪水では、多数の大小の河川からいっきに大量の洪水流がラグーンに流れ込み、当時開口していた中央のトゥンアンと東端のトゥヒエンの二つの湖口だけでは排水できず、ラグーンの水位は最高四メートルまで上昇した。そしてついに十一月一日の深夜十一時頃、一九〇四年に人為的に締め切られたホアデュンの旧湖口の部分と、これに加えラグーン中央にあるトゥンアン湖口北側のハイズゥン村、そしてラグーン東端に位置するトゥヒエン湖口とその北西側のヴィンハイ村の、少なくとも四カ所で海岸の砂州が決壊し、大量の湖水が海へと流出した。その後これらの砂州決壊部分から、海水が湖岸の低地に逆流した。

　このうちホアデュンでは、一九九九年の洪水によって標高二〜三メートルの砂州が決壊し、そこに幅六〇〇〜七〇〇メートルの水路がつくられた。すなわち、九五年ぶりに旧湖口が再び開口したのである（図4）。

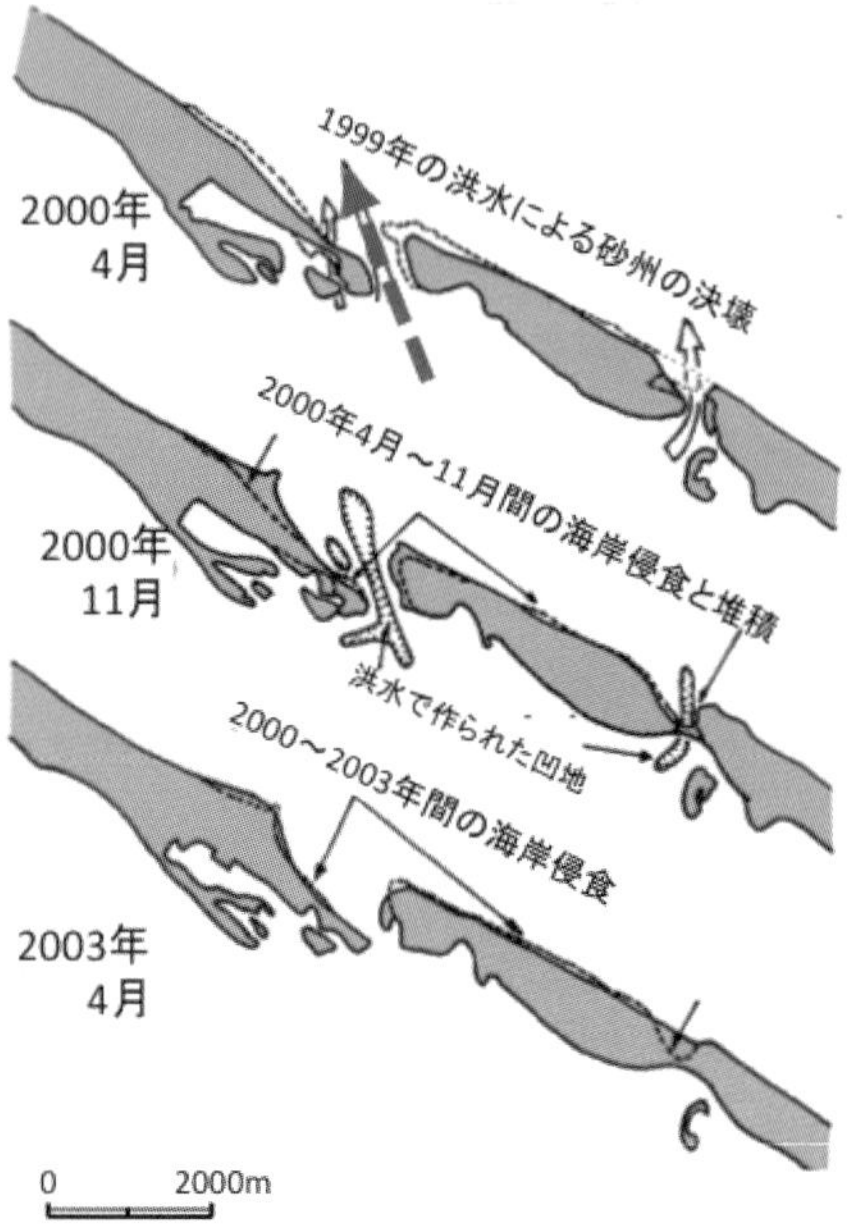

図4　1999年の洪水直後から2003年までのトゥンアン湖口の地形変化

　ホアデュン地区の住民の話によると、十一月一日の夕方五時頃からラグーンの水位が上昇し始め、深夜十一時頃に砂州が決壊した。その後、満潮とラグーンへの洪水流の流入によって、湖水位は決壊時よりさらに上昇し、翌十一月二日の午後一時頃に最高三・〇メートルに達した。そして翌十一月三日の朝七時頃に、やっと湖水位は低下した。この地区では、今回の水害で死者十六人、家屋の倒壊・流出六四軒という大きな被害となった（図5）。

図5　ホアデュン湖口北西側の海岸侵食によって倒壊した民家（2000年3月撮影）

一方、ラグーン東端のトゥヒエン湖口では、あまり降雨はなかったにもかかわらず、十一月一日の夜約二時間で湖水位が急上昇し最高約四メートルまで達した。そして、午後十一時頃湖口を塞ぐように延びていた砂州、およびその西側の砂州の少なくとも二カ所が決壊した。そのため、この付近を中心として家屋が倒壊・流出し、この地区の四四〇軒のうち八二軒が破壊された。死者は一人であったが、周囲の水田約一五〇ヘクタールが浸水した(1)。

水害直後のトゥヒエン湖口は、幅約六〇〇メートル、水深四～八メートルであったが、二〇〇三年一二月には水深約三メートルと湖口は急速に浅くなり、一九九四年に閉塞した直前の状態に近づいた。しかし湖口の北西側海岸約一キロの区間では、洪水後に激しい海岸侵食が進行した。すなわち、洪水以前には砂浜の幅は約一〇〇メートルあったが、北～北東季節風が吹く十一月～一月に、砂浜は幅十～十五メートルほどずつ侵食され、洪水後四年経過した二〇〇三年十二月までに、全体で約五〇～七五メートル侵食されたという（図6）。そのため、洪水後この地区では約五〇軒が内陸に移住した。また残されている集落では、生活用水・飲用水である井戸水の塩水化が起こっている。

図6　トゥヒエン湖口北西側の海岸侵食で形成された比高約1mの浜崖（2003年12月撮影）

砂州決壊の要因

一九九九年の洪水では、洪水位の上昇速度や洪水の流下速度が、それ以前に比べて異常に速かったことが災害を大きくした要因の一つになった。フオン川中流の山間部のディンモン村とその対岸のヴォクサ村、そして平野への出口のトゥイビュウ村、およびフオン川の河口に近いタムジャンラグーンの湖岸で、それぞれ住民から聞き取ったところ、洪水位の上昇速度は、いずれもこれまで経験したことのない速さであった。そのため、自宅から避難する機会を逸した家族が、屋根裏から屋根を破って外に出て、船で救出された例や、救出が間に合わず家ごと流された例が、複数あった（1）。

一方、洪水の最高水位の出現時刻の差は、フオン川河口から三八キロ上流にあるヴォクサ村と、河口から四キロのラグーン湖岸との間で、わずか二時間弱しかなかった。概算ではあるが、洪水のピークは時速二〇キロ弱で流れ下ったことになる。このように洪水の水位上昇や流下速度が速かった要因として、以下のように考えられる。

本地域の河川上流域の山地・丘陵地では、良好な森林があまり見られず、灌木の生えた程度の疎林が多い。そのために、洪水の流出率が高く、降雨のピークと流量のピークとの時間差が短かくなったと推定される。

筆者は、二〇〇三年十二月に、フオン川上流のターチャック川に計画されているダム建設現場を訪ねたが、周辺の山地斜面ではユーカリの木々が皆伐されていた。ダム建設で水没するドンホア村六八〇戸のうち、四二二戸の移転にともなって、住民が所有する木を伐採した結果という。いつから、どの範囲がどれくらい伐採されたかという具体的なデータは入手できなかった。しかしダム計画は、洪水前の一九九七年から住民に周知されており、森林伐採が一九九九年の洪水以前に始まっていたとすれば、洪水の流出を早めた一つの要因となった可能性がある。

一方一九九九年の洪水では、ラグーンの最高水位が、過去の記録よりいっきに一メートル以上も上昇した。その要因として、洪水直前には二カ所の湖口で、いずれもそれぞれの湖口を塞ぐように砂州が延び、湖口は幅の狭い水路状になっていて、排水能力が小さくなっていたことが挙げられる。また、人工的に締め切られていたホアデュン湖口は、海岸に石積みの堤防が築かれていたために、自然状態の砂州に比べて、簡単には決壊しにくく、そのためかえって湖水位が異常に上昇したとも考えられる。

これらの要因によって、ラグーンの水位は最大三〜四メートルも上昇し、旧湖口およびこれに近接する砂州が、ほぼ同時に数カ所で決壊した。しかし砂州の決壊には、もう一つ重要な事実が関連している可能性がある。すなわち、砂州が決壊した箇所周辺では、大洪水以前からの海岸侵食によって、砂州そのものの幅が狭くなっていた。とくにホアデュンからトゥンアンビーチにかけての海岸線は、一九六〇年代から侵食が進み、複数の衛星画像の解析によると、一九七五〜九九年の二四年間に平均で幅一〇〇メートル、最大で幅二〇〇メートル、距離六・四キロにわたって砂浜が侵食されている（２）。

図7　ホアデュン湖口北西側の海岸侵食で砂浜が消失し、放棄されたリゾート用のペンション（2002 年２月撮影）

大洪水後の海岸侵食の激化

本章のはじめにでも述べたように、一九九九年の洪水および砂州の決壊後、既存の湖口や決壊した砂州部分のおもに北西側で、その後数年にわたって急激な海岸侵食が発生した。

九五年ぶりに開口したホアデュン湖口の北西海岸では、一九九九年の洪水後二〇〇三年十二月までの四年間に急速に海岸侵食が進み、五軒のホテルと五軒の民家が倒壊した（図７）。ここでの海岸侵食は、北〜北東季節風が吹き、潮位が高く波浪の大きい十一月〜翌年一月の冬季に発生している。二〇〇三年十二月の調査時には、静穏だった夏季に比べて、砂浜が五〜七メートル侵食されたが、それ以前の冬季の侵食量に比べると、海岸の侵食速度は小さくなっていた。衛星画像解析によると、本地区の海岸では、一九九九年の洪水後二〇〇一年七月までに平均幅七〇メートル、最大幅百数十メートル、延長六・六キロにわたって砂浜が侵食された(2)。

海岸侵食がほぼ治まった集落でも、最も海岸線に近い家では、二〇〇一年九月以降井戸水に塩水が混入し、飲用に適さなくなったために、内陸側に井戸を掘りなおしたと言う。二〇〇三年三月に水質を測定した結果、海岸線から七〇メートルの距離にある旧井戸の塩分濃度は〇・九‰で、その約二〇メートル内陸側にある新井戸の塩分濃

度は〇・五‰でかろうじて淡水であった

一方、トゥンアン湖口西側のハイズゥン村の海岸でも、洪水後に湖口の北西側約二キロの区間で、急速な海岸侵食が始まった。一九九九年十一月の洪水直後から、二〇〇〇年七月までの八ヶ月間に幅五〇～九〇メートル、延長二・六キロ、面積一二・五五ヘクタール、さらにその後、二〇〇一年七月までの一年間に幅三〇～六〇メートル、延長一・八キロ、面積五・七五ヘクタールの砂浜が浸食された(2)。このような急速な海岸侵食によって、二〇〇一年三月までに、標高約一〇メートルの砂丘上にあった灯台と、その西側の漁民の住居二〇軒が倒壊した。また二〇〇二年二月の現地調査時には、砂丘上の民家二八軒を含む全四八軒の家屋が、海岸侵食によって倒壊した（図8）。

図8　トゥンアン湖口北西側の海岸侵食で倒壊したハイズゥン村の砂丘上の民家（2002年2月撮影）

ハイズゥン村の海岸侵食も、北～北東季節風が卓越する冬季に進行している。とくに洪水約一年後の、二〇〇〇年と〇一年の冬季の侵食が最も激しかった。しかし、〇三年一二月の現地調査では、ハイズゥン村の海岸ではその年の四月から砂の堆積が卓越し、冬季になっても激しい侵食は発生していないとのことであった。それ以前の侵食でつくられた、砂丘の急崖直下の砂浜では、住民によって海岸の防風・防砂林としてフィーラオ（モクマオウ）の植林が始まっていた。

以下では、ホアデュン湖口およびトゥンアン湖口、それぞれの北西側の海岸で、大洪水後二～三年間に激しい海岸侵食が発生した要因について検討する。

洪水後に測量された湖口周辺の五千分の一等深線図と、一九六七年の二万五千分の一測深図を比較すると、ホアデュン湖口の洪水以前の水深は、湖側が二・一メートルで海側が四・二メートルであったが、洪水後にはそれぞれ水深十二・三メートルと、七・四メートルとなった。すなわち、ホアデュン湖口が再開口したことで、この部分の湖底および海底が激しく侵食されたことがわかる。

同様にトゥンアン湖口でも、最大水深が九・九メートルから十五・八メートルに変化し、そこに長さ約一〇〇〇メートル、幅約二五〇メートル、水深十メートル以上の凹地が作られている。またトゥンアン湖口の西側の、ハイズゥン村の砂州決壊地点の沖合約一〇〇メートルにも、長さ約四〇〇メートル、幅約一〇〇メートル、最大水深が八・三メートルの凹地が出現している。すなわち、一九九九年の洪水時には、既存の湖口や決壊した砂州部分を通って、大量の水が湖から海へ一度に流出し、その沖合の海底が深く侵食された。そして洪水後に、その深い凹地を埋めるように、決壊地点周辺の海岸から砂が移動したと推測できる。

本地域の沿岸漂砂は、主に冬季の北〜北東季節風の吹く期間に、海岸線に沿って北西から南東方向に移動している。したがって、洪水後に出現した海底の凹地を埋めるように、その北西側の海岸から南東側に向かって海岸近くの砂が移動した。そのため、大洪水後に北西側の海岸で急激な海岸侵食が発生したと推測される。その後、洪水から五回目の冬季である二〇〇三年十二月には、洪水で形成された凹地がほぼ埋積され、それぞれの場所の海岸侵食も落ち着いたと解釈できる。

将来の洪水による被害拡大の懸念

本地域における一般的な洪水の誘因は、冬季モンスーンに伴う降雨と、夏季の台風による降雨である。現在懸念されている地球温暖化がさらに進行すると、冬季モンスーンは全般的に弱くなるが、降水量の変化については判断が困難とされている。また台風については、現時点では温暖化による数や強さの変化についての予測は不確実で、数は減少するが強さ（最大風速）はやや強くなり、強さが同じなら降水量は一〇〜三〇％増大する可能性も指摘されている(3)。

一方、地球温暖化は、海水面の上昇をもたらす。世界の平均海面水位は、二一世紀末までに二六〜八二センチ上昇することが予測されており(4)、モデルによってはアジア地域での上昇比率が大きいという予測もある(3)。実際、ベトナム北部のハイフォンの南東約二五キロにあるホンダウ検潮所の記録では、年平均海水面が一九六〇年から二〇〇〇年の四〇年間に一八・〇センチ上昇しており、一年間では四・五ミリの上昇速度になる(5)。これに対し世界平均海面水面の上昇速度は、一九七一年から二〇一〇年の四〇年間に、一年あたり二・〇（一・七〜二・三）ミリであった可能性が高いとされる(4)。すなわち、最近の海水面の上昇速度を比べると、ベトナム北部のハロン湾での値が、世界平均の二倍以上になっている。

地球温暖化による台風の強大化や、海水面の上昇を考慮すると、今後ベトナム中部の本地域でも、将来一九九九年と同じか、あるいはそれを上回るような大洪水の可能性が増すと考えられる。

一方、洪水や海岸侵食の被害予想では、対象地域の社会・経済的な特徴に由来する、

---

(3) 原沢英夫・西岡秀三編著（2003）『地球温暖化と日本　第３次報告〜自然・人への影響予測〜』古今書院　東京　411p.

(4) 気象庁訳（2014）「気候変動 2013　自然科学的根拠　政策決定者向け要約」(IPCC, Summary for Policymakers of the IPCC Report "Climate Change 2013 - The Physical Science Basis")（http://www.data.jma.go.jp/cpdinfo/ipcc/ar5/ipcc_ar5_wg1_spm_jpn.pdf 2014.09.04）

(5) 平井幸弘（2003）ベトナム北部紅河デルタ海岸地帯における環境変動と住民の対応　平成 12 〜 14 年度科研費研究成果報告書「紅河デルタの環境変動と環境評価」研究代表者春山成子　151 〜 167.

地域的な要因も重要である。本書で取り上げたラグーン地域では、ラグーンに流入する河川上流域での、開発による洪水流出率の増大や流出速度の速達化など、人為的な要因も無視できない。また第3章で取り上げるように、一九九九年の洪水およびその後の海岸侵食に見舞われたトゥンアン町では、二〇一〇年に高級ビーチリゾートが開業したように、海岸地域そのものの土地利用も大きく変化している。

さらに、第Ⅱ部の第5章および第6章で紹介するように、一九九九年の洪水後、タムジャンラグーンの湖岸地帯では、それまでの水田をエビの養殖池に転換し、大規模な輸出用のエビ養殖が急速に拡大している。

このように社会・経済的条件が大きく変化しているなかで、近い将来再び大洪水や深刻な海岸侵食が発生すれば、それによる地域での被害はこれまで以上に大きくなることが懸念される。このような地域社会における社会・経済的な変化や、それに伴う自然災害に対する脆弱性の増大など、きめ細かく検討する必要があろう。

以下第2章～第4章では、とくに近年の海岸侵食に焦点を当て、タムジャンラグーンの海岸側の三カ所の事例について、右に述べたことを含めて詳しく検討してみたい。

2　移転を迫られる人々――ハイズゥン村

第1章で述べたように、一九九九年の大洪水によって、タムジャンラグーンのトゥンアンおよびトゥヒエンの二カ所の湖口と、ホアデュンの旧湖口周辺では、洪水流の海への流出によって、多くの家屋や人的な被害が出た。さらにその後、右の三カ所のいずれも北西側の海岸で、急速かつ激しい海岸侵食が進行した。とくにトゥンアン湖口北西側のハイズゥン村では、標高約一〇《メートル》以上の海岸砂丘が侵食され、そこにあった灯台や多数の住居が倒壊し、多くの住民が移転せざるをえなかった。

この洪水後の激しい海岸侵食は、発生からおよそ四年たった二〇〇三年末頃までに、ほぼ落ち着いた。しかし二〇一一年の冬に、ハイズゥン村を訪れてみると、その四年ほど前（二〇〇七～二〇〇八年頃）から、新たな侵食が発生し次第に激しくなっていると、村の住民から知らされた。

翌年二〇一二年四月にフエを訪れると、ちょうど四月二七日付けの地元のトゥアティエン・フエ紙の一面トップで、まさにそのハイズゥン村の海岸侵食について、大きく報道されていた（図1）。紙面の「海岸侵食を克服するためには、長期的な解決策が必要」（傍点は筆者、紙面では太文字）と言う大きな見出しと、現場のカラー写真が目についた。

第2章では、このハイズゥン村での海岸侵食について考えてみたい。すなわち、大洪水後に発生した激しい海岸侵食が治まったのち、なぜその近隣地区で再び海岸侵食が起こったのか、その実態と現地での対応、

Khắc phục tình trạng sạt lở bờ biển:

Cần giải pháp dài lâu

Theo Chi cục Phòng chống lụt bão và Quản lý đê điều, trung bình mỗi năm, bờ biển Thừa Thiên Huế bị sạt lở từ 15-20m. Để khắc phục tình trạng này, cơ quan chức năng đã triển khai nhiều giải pháp, song hiệu quả chưa như mong đợi.

Sạt lở nhiều nơi

Toàn tỉnh có chiều dài bờ biển hơn 120km, song hiện nay, gần 1/3 trong số đó đang chịu ảnh hưởng của tình trạng xâm thực, bao gồm thị trấn Thuận An và các xã: Phú Thuận, Phú Diên, Phú Hải (Phú Vang), Quảng Công-Quảng Ngạn (Quảng Điền), Hải Dương (Hương Trà), Vinh Hiền, Vinh Hải (Phú Lộc), Phong Hải (Phong Điền). Trong đó, các địa phương bị sạt lở nặng, gồm: thị trấn Thuận An (5km), các xã: Quảng Công-Quảng Ngạn (6km), Hải Dương (3km).

Tại xã Hải Dương (Hương Trà), con đường bê tông có chiều dài gần 3km nằm sát bờ biển bị sóng đánh sập gần như hoàn toàn. Ngay cả rừng phòng hộ cũng có nguy cơ bị nước biển "nuốt chửng". Dọc bờ biển hai xã Quảng Ngạn-Quảng Công, nhiều đoạn nước biển cũng "ăn" sâu vào tận nhà dân, khiến hàng chục hộ dân phải di dời đến nơi ở mới. Ông Nguyễn Thanh Cược, nhà ở gần bờ biển nói: "Vợ chồng tui dự định vài năm tới sẽ sửa lại căn nhà để con cái ở cho thoải mái. Nhưng bây giờ, chúng tôi phải gác lại dự định vì tình hình xâm thực ngày càng nghiêm trọng. Mấy hộ ở gần biển hơn gia đình tôi thì chừ phải di dời. Gia đình tôi trước sau gì cũng nằm trong diện di dời, cho nên, tôi bàn với vợ con để đến nơi ở mới rồi làm nhà luôn thể".

Tuy chưa nằm trong diện phải di dời nhưng gia đình chị Nguyễn Thị Loan ở làng Thai Dương Hạ, xã Hải Dương cũng không kém phần lo lắng trước tình trạng nước biển xâm thực.

(Xem tiếp trang 2)

Con đường bê tông tại xã Hải Dương bị nước biển đánh sập

図１ フエの地元紙で報道されたハイズゥン村の海岸侵食
（Thua Thien Hue, 27 April, 2012）

そして近年の海岸侵食の要因ついて検討する。最後に、海岸侵食への今後の対応について、「長期的な解決策」とはいったいどんなことなのか、将来的な気候変動による影響も考慮した上で議論したい。

タイズゥンハーチュン地区の海岸線変化

ハイズゥン村は、フオン川がタムジャンラグーンに注ぎ、東海に出るトゥンアン湖口の西側に位置する。総世帯数一五〇〇戸、人口六七五〇人の村で、湖口側からタイズゥンハーナム、タイズゥンハーチュン、タイズゥンハーバック、タイズゥンチュオンドン、タイズゥンチュオンタイ、そして最も西側のヴィンチーの六地区からなる（図２）。

なお、トゥンアン湖口の対岸のトゥンアン町でも、ハイズゥン村と同様に、いったん治まった海岸侵食が別の場所で発生し、深刻な問題が起こっている。これについては、次の第３章で詳しく述べたい。また、タムジャンラグーンを隔てた南側は、湖岸のエビ養殖池から水田への塩水侵入が問題になっているクアンタン村、そしてラグーンの湖岸

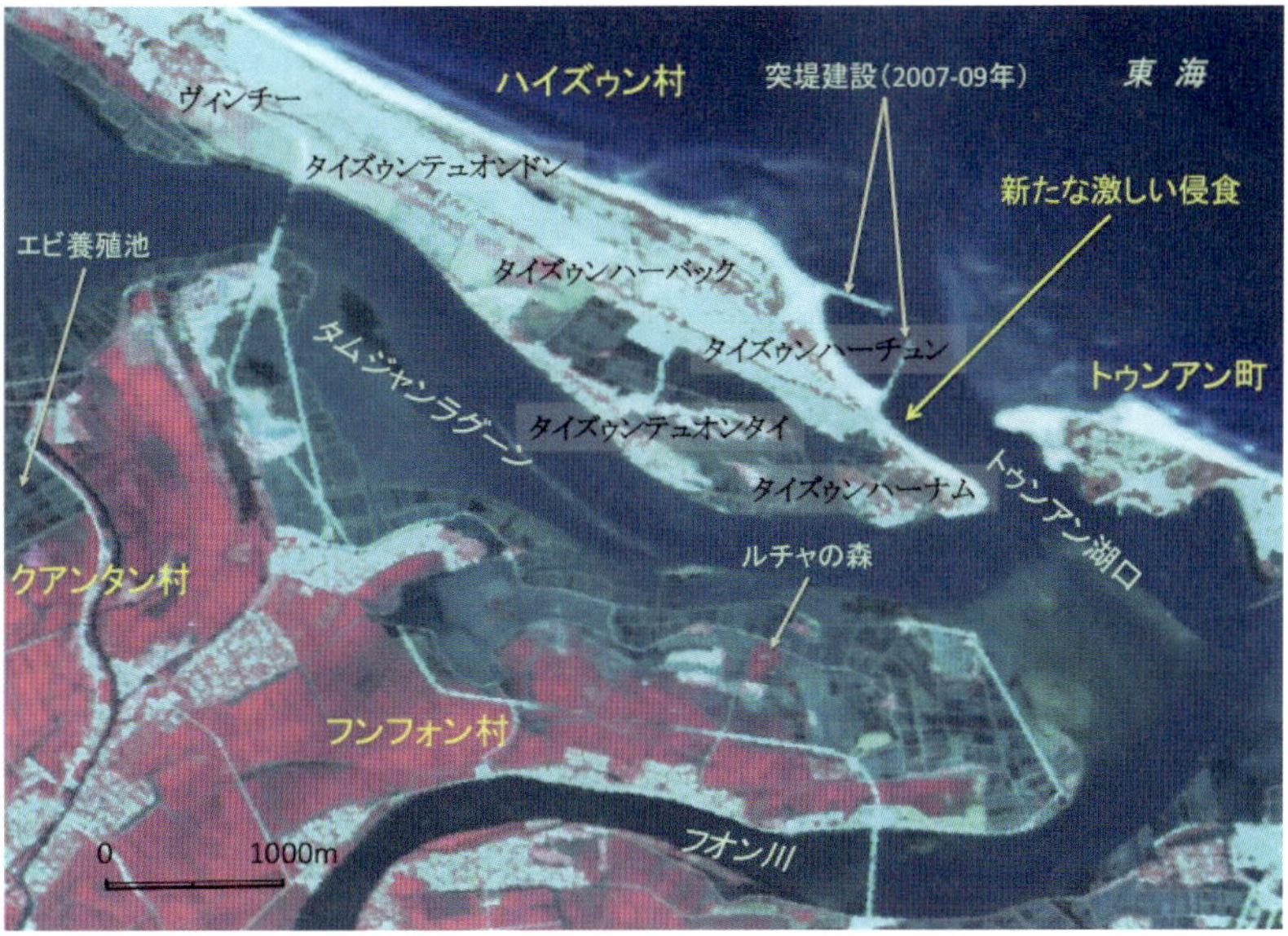

図２　トゥンアン湖口とハイズゥン村の各地区
(2009 年 6 月 30 日撮影の ALOS AVNIR-2 のフォールスカラー画像に加筆)

に残されたルチャ（ベトナム語でマングローブの意）の森の保全や活用が始まったフンフォン村である。これらについては、それぞれ第8章、第9章で紹介する。

トゥンアン湖口に面したハイズゥン村のタイズゥンハーナム地区は、一九九九年の洪水時にラグーンから東海に流れ出る大量の洪水流によって、多くの家屋が倒壊・流出した。洪水流の一部は、本地区と隣のタイズゥンハーチュン地区の間の砂州を乗り越えて、海に流れ出た。その後、タイズゥンハーチュン地区の長さ約二キロの海岸では、急速な海岸侵食が起こり、海岸低地にあった漁民の住居および砂丘上の灯台と民家が多数倒壊した（第1章、図8）。しかし、そのような激しい海岸侵食は、二〇〇三年の末頃までにほぼ治まり、筆者が二〇〇三年一二月に調査した時には、侵食された砂丘の崖下に砂が堆積し始め、その一部では住民によるフィーラオの植林が始まっていた。ただし、トゥンアン湖口に近い南東側では、まだ砂は堆積しておらず、一九九九年の洪水時に倒壊した灯台の基礎のコンクリート塊が、海中に取り残された様子が確認できた

図3　1999年の大洪水後に激しい海岸侵食が起こったハイズゥン村タイズゥンハーチュン地区（2003年12月撮影）
侵食崖の手前では砂が堆積しているが、湖口に近い奥では倒壊した灯台の基礎が波に洗われている。

（図3）。

二〇一三年八月、十年ぶりに同じ場所を訪ねてみると、二〇〇三年～〇七年に植林されたフィーラオの木が高さ一〇㍍以上になって、かつて海岸侵食で海になっていた場所とは想像し難い。しかし、大きく育ったフィーラオ林の中を歩くと、図3では海中にあった灯台の基礎が、半分砂に埋もれて残されており、確かにここが一九九九年の洪水後に激しい海岸侵食を受けた場所だと再認できた（図4）。

二〇〇九年六月に撮影されたALOSの衛星画像を見ると、このタイズゥンハーチュン地区の海岸をはさむように、その北側と南側にそれぞれ長さ約三〇〇㍍の突堤が築かれている（図2）。この二つの突堤は、海岸の侵食防止のために、政府によって二〇〇七年～〇九年に建設されたものである。その後、それぞれの突堤先端部分を延長するように、二〇一二年～一三年に海中にブロックが積まれた。最新のグーグルアースの画像（二〇一四年三月二七日取得画像）を見ると、この二本の突堤に囲まれた部分が巨大な人工のスイミングプールのように見える。しかしここは、水深が深いために水泳には適さず、船も中には入れないので、主に魚釣りに利用されているとのことであった。この部分の砂浜に近いフィーラオ林の中には、そのような釣り客相手と思われる、簡単な食事を提供する小屋も見られた。

図4　タイズゥンハーチュン地区の現在の様子（2013 年 8 月撮影）
右奥のコンクリートの塊りは、1999 年の洪水後の海岸侵食で倒壊した灯台の基礎

二つの突堤のうち北側の突堤は、巨大なテトラポッドが幅約二〇メートルで並べられており、その北西側の海岸には砂が堆積して、幅約五〇メートルの砂浜が形成されている（図5）。一方、南側の突堤は、一・三メートル四方の大きさの消波ブロックが、幅約十メートルで整然と積まれ沖に延びている（図6）。この南側突堤の両側は、付け根の部分をのぞいて、砂の堆積は見られない。そしてその南東側の海岸が、はじめに紹介したように、地元紙に取り上げられた激しい海岸侵食の現場である。

なお二つの突堤にはさまれた海岸には、幅約十メートルの砂浜が形成されている。しかし、その浜辺にはフィーラオの落ち葉やゴミが散乱し、砂の移動もあまり起こらないためか、外海に面した美しい砂浜とは異なっている。

タイズゥンハーナム地区での海岸侵食

右に述べた南側突堤南東側の、タイズゥンハーナム地

図5　タイズゥンハーチュン地区に建設された北側突堤（2013 年 8 月撮影）

図6　タイズゥンハーチュン地区に建設された南側突堤（2013 年 8 月撮影）

a.　2011 年 12 月撮影

b.　2012 年 6 月 7 日撮影

c.　2012 年 10 月 25 日撮影

d.　2013 年 8 月 28 日撮影

図7　ハイズゥン村タイズゥンハーナム地区での海岸侵食の状況

区の海岸では、筆者がフエに滞在した二〇一二年を含む前後三年間に、急速に海岸の侵食が進んだ（図7）。

最初に二〇一一年一二月に訪ねたとき、砂州の先端のタイズゥンハーナム地区に通じる幅二㍍の道路のすぐ脇まで波が押し寄せ、土嚢でかろうじて道路法面の崩壊を防いでいる状況であった（図7a.）。金網で保護された土嚢の五㍍ほど沖側の海中には、コンクリート製の井戸枠が残されていた。かつては、この道路の海側にも住居があったことが知れる。道路の反対側に一軒だけ残っていた家の住民は、道路を越えて打ち寄せる波が激しく、危険であると訴えていた。

二〇一二年六月に再訪したときには、半年前にかろうじて残っていた道路が、侵食で海の中に崩れ落ちていた

（図7 b.）。道路の右脇にあった電柱も倒壊している。砂州の先端地区に通じる舗装道路はここのみで、それが崩壊してしまったので車やモーターバイクではこれより先に行けなくなった。そこで住民は、フィーラオ林の砂地の上にブロックを並べて、かろうじてバイク一台が通れるよう応急的に対応していた。

　村役場の担当者の話では、侵食対策として二七〇〇万ＶＮＤ（約一三・五万円）で砂袋を用意し、二〇一二年から土嚢を積んでいる。またトゥアティエン・フエ省は、七億ＶＮＤ（約三五〇万円）かけて、この地区に大きな岩石を並べて応急的な堤防を作る予定とのことであった。さらに省では、今後、総額八〇〇億ＶＮＤ（約四億円）かけて、ハイズゥン村のタイズゥンハーナム地区に長さ六〇〇メートルの、そして対岸のトゥンアン町に同四〇〇メートルの堤防を築く計画があるとのことであった。

　また、もしこのまま海岸侵食が激しくなると、砂州先端のタイズゥンハーナム地区は孤立してしまうので、地区の住民を移転させる計画があるとのことであった。すでにこの地区は、周りを海水に囲まれ地下水の塩分濃度が高いために井戸水は使えず、同じ村内のヴィンチー地区で汲み上げた地下水を購入しているとのことであった。

　二〇一二年一〇月に訪ねると、六月に役場の担当者が話していた、フエ省による侵食対策が実施された直後であった（図7 c.）。大きさ四〇〜五〇センチほどの真新しい採石が、かつて舗装道路があった部分に幅一〇メートルほどで並べられ、何とか砂の流出を抑えていた。しかし、フィーラオ林の右側はすぐにラグーンの湖岸で、この地区の砂州の最も狭いところは幅二〇メートルほど、しかも海面からの高さはわずか一・一〜一・三メートルしかない。今後、一九九九年の洪水時のように、ラグーンの水位が一メートル以上上昇すれば、ここを洪水流が一気に乗り越えてしまうであろう。すなわち、この砂州の先にあるタイズゥンハーナム地区が、海岸侵食や洪水に対して、いかに脆弱な場所であるかがわかる。

一方、トゥアティエン・フエ省によるハイズゥン村とトゥンアン町での堤防計画は、総費用が六月に聞いたときの二倍の一六〇〇億ＶＮＤ（約八億円）に、トゥンアン町の堤防の長さが四〇〇メートルから五〇〇メートルに変更されたとのことであった。

そして、その十ヶ月後の二〇一三年八月には、一見すると海岸侵食は治まっているように見えたが、歩いてみると砂州の先端方向に侵食が進行しているようだった（図７d.）。砂州の先端に近いフィーラオ林の中には、この地区で排出された生活ゴミの集積場があり、このまま海岸侵食が進むと、大量のゴミが海に流出し、新たな環境問題が生じる恐れもある。

一方、前年に役場の担当者から聞いたトゥアティエン・フエ省による堤防の建設計画は、まだ始まっておらず、また砂州の先端地区の住民の移転計画についても、まだ実現していなかった。移転計画の遅れのためか、砂州のラグーン側には新しい舗装道路が作られ、また海側の侵食された海岸には東屋風の小さな食堂も並んでいた（図７d.）。

ハイズゥン村での海岸線の長期的変化

ハイズゥン村における近年の激しい海岸侵食の要因を検討するために、この地区の海岸における長期的な地形変化について、知っておくことも重要である。そこで、入手できた一九六八年、一九九四年、二〇〇二年発行の二・五万分の一または五万分の一地形図を利用して、一九九九年の大洪水を含む、三四年間の海岸線の変化を明らかにした（図８）。

その結果、一九六八年と二〇〇二年の海岸線を比較すると、トゥンアン湖口付近だけでなく、砂州の海岸

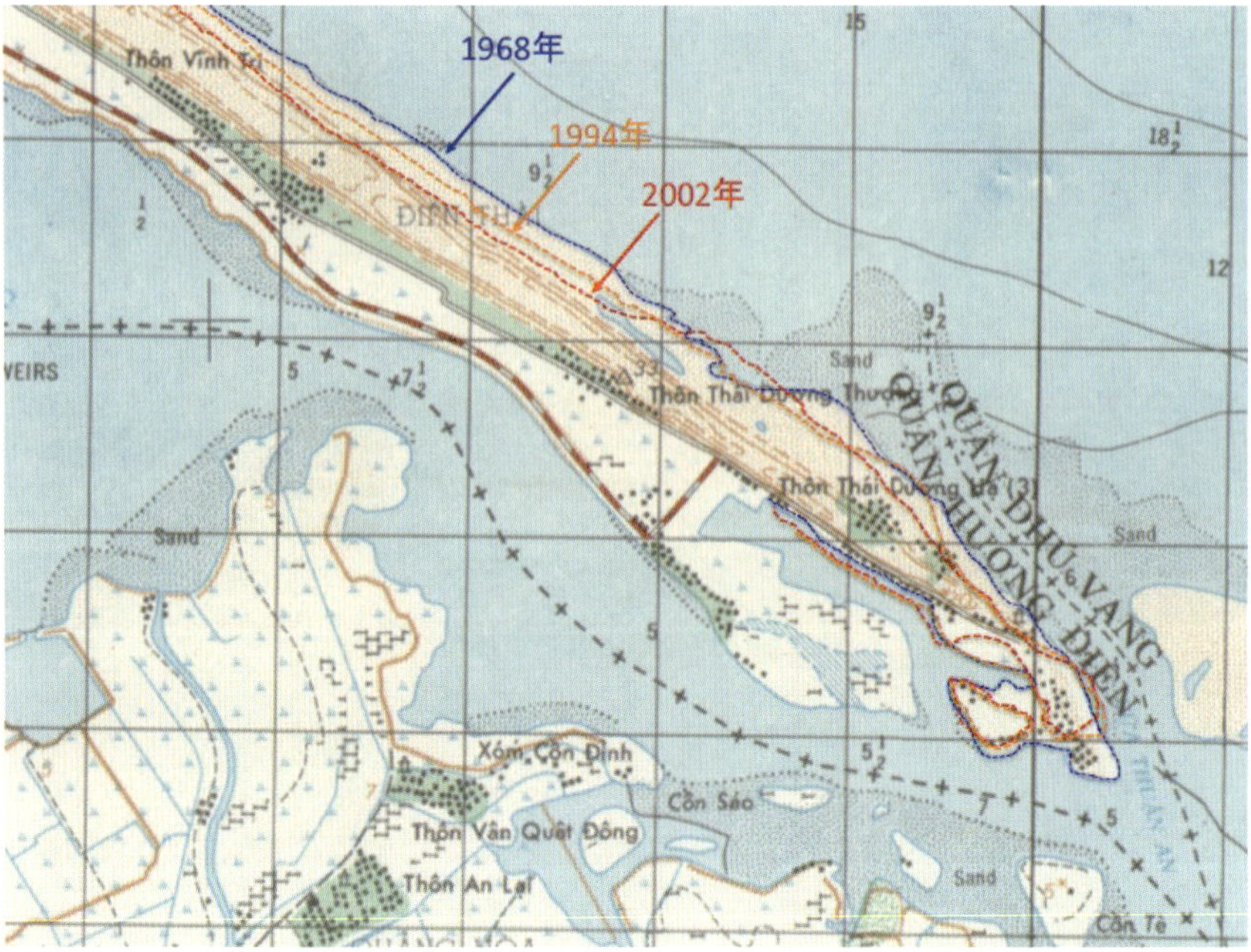

図８　ハイズゥン村のトゥンアン湖口周辺の1968年～2002年の海岸線変化
(1968年旧米国陸軍地図局発行の1/5万の地形図、1994年発行の1/5万の地形図、2002年発行の1/2.5万の地形図を利用)

全体で海岸線が後退し、海岸侵食が進行していることがわかる。ただし、一九九四年の海岸線に注目すると、トゥンアン湖口に面する延長約四キロの海岸線は、一律に海岸線が後退したのではなく、海岸線に沿って数百メートルの区間で侵食域と堆積域が入れ替わっており、変化が激しい。第1章で述べたように、湖口に面した海岸では、洪水時に大量の湖水が外海に流出する際に、直接的な侵食だけでなく、洪水後の沿岸漂砂の挙動によって、さらなる侵食や逆に堆積が起こったり、地形変化激しいことが理解される。

それに対し、湖口から北西に四キロ以上離れ外海に面した海岸線は、一九六八年から二〇〇二年にかけて一方的に海岸線が後退し、長期的に侵食傾向にあることがわかる。その侵食量は、一九六八年～九四年の二六年間に一一〇～一三〇メートル、一九九四年から二〇〇二年の八年間に九〇～一一〇メートル、

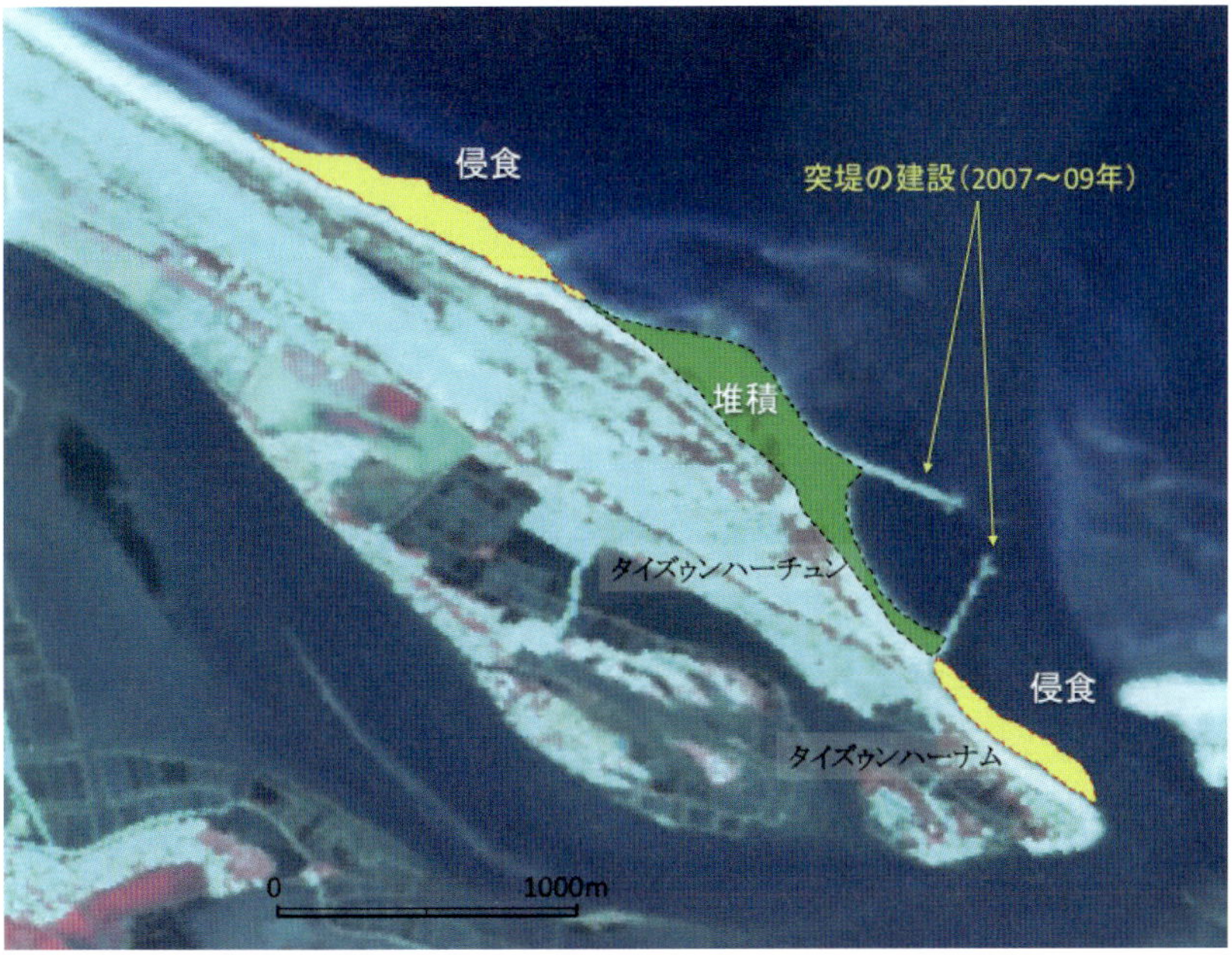

図9　ハイズゥン村のトゥンアン湖口周辺の 2002 年～ 2009 年の地形変化
(2009 年 6 月 30 日撮影の ALOS AVNIR-2 のフォールスカラー画像に加筆)

一九六八年～二〇〇二年の三四年間では、一六〇～一八〇メートルに及んでいる。ここで重要な点は、一九九九年の大洪水以前からこの付近の海岸線が、全般的に侵食されていたと言う事実である。

一方、ラグーン側の湖岸線は全体的に安定しているが、湖岸の道路に沿って幅三〇～四〇メートルの埋め立てや、ラグーンの浅瀬や砂州上での養殖池の造成など、人為的な湖岸線の変化が見られる。

近年の海岸侵食の要因

先に述べたように、タイズゥンハーナム地区では、二〇〇七年～〇八年以降に、再び海岸侵食が激しくなった。そこで、その要因を検討するために、タイズゥンハーナム地区およびその北西側のタイズゥンハーチュン地区での海岸線変化について検討した。

最新の二〇〇九年六月撮影のＡＬＯＳの衛星画像と、二〇〇二年発行の地形図を重ねて、二〇〇二年～〇九年の間の侵食域と堆積域を示した（図9）。なお、この期間のうち二〇〇七年〜〇九年に、タイズゥンハーチュン地区の海岸を守るように、二本の突堤が建設された。衛星画像では、その二本の突堤がはっきりと写っている。

図9では、北側突堤の北西側約七〇〇メートルの海岸と、二本の突堤に挟まれた約八〇〇メートルの海岸で、顕著な堆積が起こっている。これに対し、南側突堤の南東側では、幅約八〇メートル、延長約七〇〇メートルにわたって激しく侵食されたことがわかる。この付近の海岸では、第1章でも述べたように、主に冬季の北〜北東季節風の時期に、海岸漂砂は北西から南東方向に移動している。そのため、二〇〇七年以降にタイズゥンハーチュン地区に建設された二本の突堤によって沿岸漂砂が遮られ、南東側のタイズゥンハーナム地区で、激しい海岸侵食が起こったと解釈できる。

ただし、近年の気候変動によって、大雨の頻度の上昇、台風や高潮の影響、また波浪や沿岸流の変化など、他のいくつかの要因も関与している可能性もあるが、最大の要因は、やはり人為的な突堤の建設であると考えられる。

洪水と海岸侵食による集落の緊急移転

最初に紹介したフエの地元紙の報道では、「政府や住民は、土嚢を用いて侵食を防止しようとしているが、それは一時的なものでしかない。また、地元当局は住民の生命と財産の安全のために、海岸侵食の影響を受けた住民一九一世帯を、新しい住宅に移転させ、残っている世帯の移転のために、さらに一・六ヘクタールの土地を計画中である」と報じている。

そこで記事の内容を確かめるために、ハイズゥン村における住民のこれまでの移転の詳細と今後の計画について、役場の担当者に聞き取りを行った。

その結果、ハイズゥン村では、一九九九年の大洪水とその後の急激な海岸侵食への緊急対応として、トゥンアン湖口に近い二つの地区の住民を、村内の二カ所の地区に移転させたことがわかった（表1）。

一九九九年の洪水では、まず直接洪水に襲われた砂州先端のタイズゥンハーナム地区の五四戸が、約一キロ西のタイズゥンハーチュン地区のラグーンに面した面積〇・八五ヘクタールの土地に移転した（図10）。このときは、米国から総額一七億ＶＮＤ（約八五〇万円）の援助で、一戸一〇五平方メートルの家と土地が無償提供された。

そして一九九九年の洪水後に、激しい海岸侵食に見舞われたタイズゥンハーチュン地区の住民合計一三四戸が、二〇〇〇年から〇七年にかけて、約一・五キロ離れたタイズゥンハーバック地区の、もとのエビ養殖池を埋めた土地に移転した。移転先の敷地総面積は二・九二ヘクタールで、住宅一戸の面積も一五〇平方メートルと比較的広い。土地はトゥアティエン・フエ省が造成し、住民には一戸五〇万ＶＮＤ～一五〇〇万ＶＮＤ（約二五〇〇円～七万五〇〇〇円）の援助があった。

しかし、この二カ所の移転先の地盤高は、表1に示したように一メートル以下である。いずれも、突発的な自然災害に対する緊急的な移転であったために、村内に土地条件の良いまとまった土地が用意できなかったこと、また移転対象の住民のほとんどが、ラグーンでの漁業を生業としていたために、湖岸から離れた場所には移転できなかったからであろう。

さらに現在、新聞で報道されたように、海岸侵食で孤立する恐れのあるタイズゥンハーナム地区の住民五七戸については、すでに移転した住民がいるタイズゥンハーバック地区の東側のラグーン一・六ヘクタールを埋めて、移転させる計画であるとのことであった。しかし、資金不足と、住民が現在の場所で魚やカニ、エビなどの漁を続けたいと希望しているため、計画はうまく進んでいないようであった。

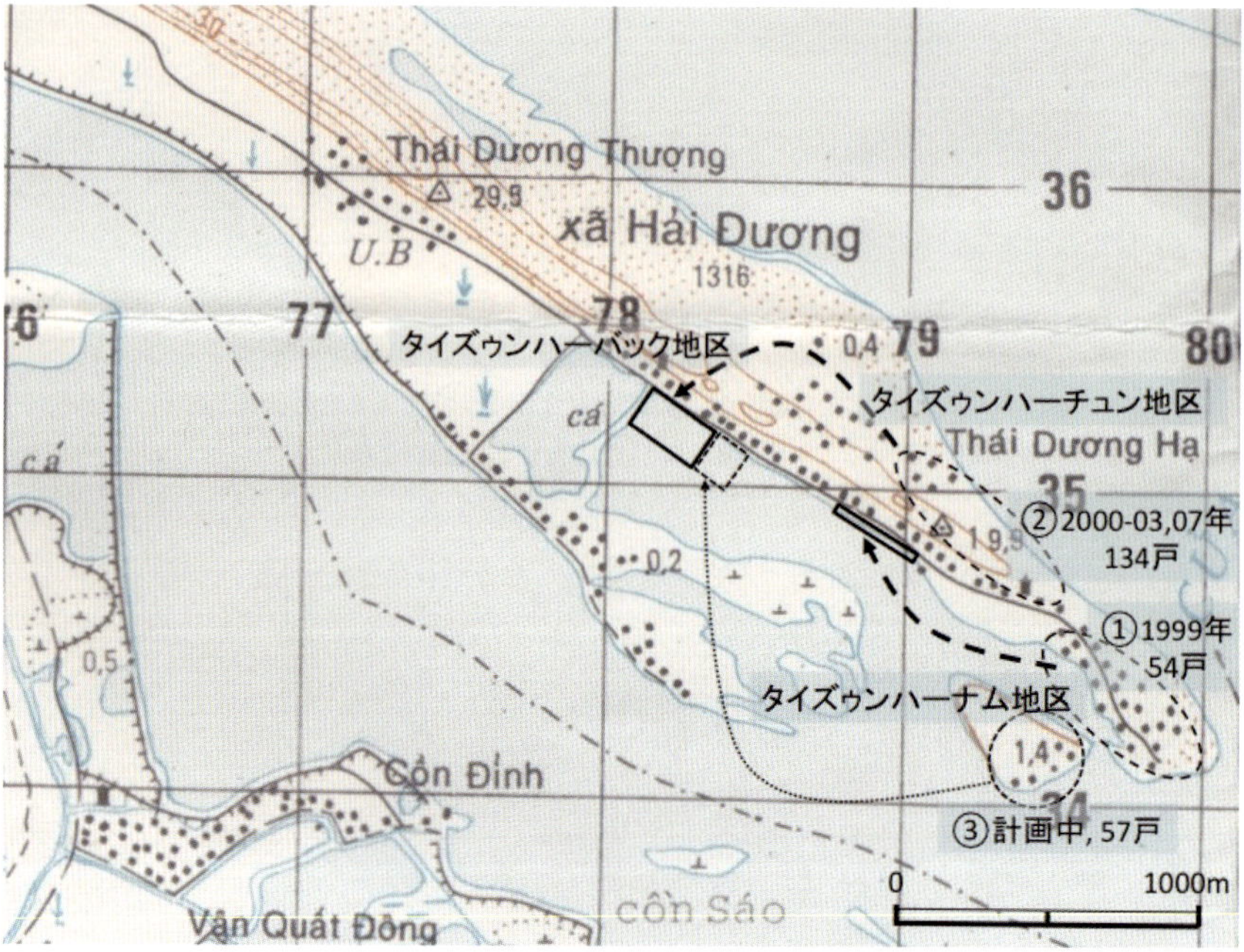

図 10　ハイズゥン村における集落の移転（1999 年以降）
（1994 年発行の 1/50,000 地形図 CUA THUAN AN に加筆）

表 1　ハイズゥン村における集落の移転（1999 年以降）

移転元	① タイズゥン ハーナム地区	② タイズゥン ハーチュン地区	③タイズゥン ハーナム地区
移転先	タイズゥンハーチュン地区	タイズゥンハーバック地区	ハーバック地区
移転先の敷地面積	0.85ha	2.92ha	計画中（1.6ha）
移転先の地盤高	0.9m	0.7 ～ 0.8m	計画中
移転年	1999 年	2000 － 03 年，07 年	計画中（未定）
移転の理由	1999 年洪水被害	洪水直後の海岸侵食	2007 年以降の海岸侵食
移転戸数、人数	54 戸、228 人	134 戸、532 人	57 戸、264 人
移転のための補助	米国からの ODA で、土地と住宅（105㎡）を無償提供	1 世帯につき 50 万 VND ～ 1500 万 VND(2.5 万円～ 7.5 万円) の補助、住宅は 150 ㎡	不明

（ハイズゥン村役場での聞き取りにより作成）

海岸侵食への今後の対応

冒頭の地元紙の報道では、「長期的な解決策が必要」として、以下のように述べている。すなわち、「これまで実施されたような効果の薄い対策でなく、他の多くの国や国内の他地域で採用されている、侵食防止効果の大きい方法、例えば、天端がしっかり覆われた堤防、沿岸流の流速を落とすような突堤、水の力をそらすような構造物などについて、当局はその実現可能性を追求すべき」と主張している。

確かに、本章でも紹介したように、ハイズゥン村でこれまで実施された侵食対策は、土嚢や大きな岩石を砂浜に並べ、また消波ブロックやテトラポッドを積み重ねただけの突堤など、応急的あるいは簡素なものである。今後この地域において、日本で施工されているような技術と方法で、海岸の侵食対策を実施することは、それなりの効果が期待できよう。

しかし、トゥアティエン・フエ省の一二〇キロの海岸線のうち、その三分の一近くが侵食を受けており(1)、本章で取り上げたハイズゥン村だけでなく、これまで数多くの家屋が海に飲み込まれるなど、すでに一二〇〇世帯が被害を受けている(2)。これに対し、省政府は、これまで四〇〇億ＶＮＤ（約二億円）を投じて、九〇〇世帯を別の土地に移転させた。しかし省内では、さらに一〇〇〇世帯以上が移転しなければならないと言う。そのためには、予算が二〇〇億ＶＮＤ（約一億円）不足しており、計画の実施が遅れているとされる(2)。

このような実情を考えると、現在海岸侵食が激しいすべての場所に、右に述べたような土木構

(1) **Thua Thien Hue**, 27 April 2012.
(2) **Viet Nam News**, 20 August 2012.

造物を建設するのは、巨額の費用とそれなりの時間がかかり、現実的ではない。むしろ、海岸侵食で危機的な状況に瀕している住民の移転こそが、優先されなければならない。

海岸侵食に対する「長期的な解決策」とは、耐用年数が三〇年~五〇年とされるコンクリート製の堤防や防波堤などに頼るのではなく、気候変動に伴う今後の海面上昇の影響なども考慮して、一世紀（一〇〇年）を視野に入れた、総合的な対応策を考える必要がある。それについては、次章のトゥンアン町の事例も踏まえて、第3章の最後で論じたい。

3　削られるビーチリゾート――トゥンアン町

暑い夏が約五ヶ月も続くフエでは、海風の涼しさを求め、また日頃のストレス発散のため、家族や友人、職場仲間で、郊外のビーチに出かけるのが大きな楽しみになっている。タムジャンラグーンやその南東側にあるアンクーラグーンの海側には、海外からの観光客にも利用しやすい、施設が整ったビーチリゾートが何カ所か造られている。そのほか、地元の人たちがちょっとした食事や休息するような、簡便な東屋などが建っているだけの砂浜も数多くあり、多くの人たちの憩いの場となっている。いずれも、淘汰の良い石英を主とした真っ白な砂浜で、歩くと足の下でキュッキュと砂粒がこすれ合う音がよく聞こえる。かつては、日本各地の海岸でも見られた鳴き砂である。フエのビーチでは、つい一歩一歩砂を踏みしめて、その音を楽しみながら歩いてしまう。

しかし近年、そのような美しいビーチで、全体的に砂浜の幅が狭まり、場所によっては厳しい海岸侵食にさらされている。ここでは、フエの市街地から一番近いトゥンアンビーチとその周辺地域の現状と、抱える課題について考えてみたい。

フエ市民の憩いの場

図1　白い砂浜が広がるトゥンアンビーチ（2008年8月撮影）
砂浜をよく見ると、比高50cm～1mの浜崖が数ケ所認められる。2012年には、場所によって数mの急な斜面になっていた。

トゥンアンビーチは、フエ市の中心部から車で約二〇分、モーターバイクでも三〇分ほどで、気楽に行くことができる。筆者も二〇一二年六月と七月に、在籍していたフエ農林大学の研究室仲間と、また宿泊していたタンノイホテルの従業員の慰安旅行で、トゥンアンビーチに出かけることになった（図1）。

ビーチに行くと言っても、いずれも出発は午後二時過ぎ、浜に到着してもすぐに泳ぐわけではない。まずは、テーブルがいくつも並ぶ大きな「海の家」で、のどの渇きを癒やす。おつまみはもちろん、地元でとれた新鮮なエビや貝、魚を炒めたり蒸したりしたものである。ビールでほどよく体がほぐれたあと一休み、カードゲームに興ずるのもここでの楽しみ方の一つだ。

日が傾き少し涼しくなった頃、やっとビーチへ。沖に数十メートルほど行くともう胸くらいの水深となる。泳ぐと言うよりも、沖からやってくる波にからだをまかせて漂う感じだ。三〇～四〇分ほど海水に浸かったあと、再び「海の家」でビールと軽い食事である。ここで食べるチャオ（魚または貝やエビなどと一緒に、煮込んだお粥）は、最高だった。

このような庶民の憩いの場となっているビーチから西側一キロほどのところに、敷地面積二・八ヘクタール、長さ四〇〇メートルのプライベートビーチを持つ五つ星の高級ホテル、アナマンダラフエが二〇一〇年一〇月にオープンした(1)。各種のガイドブックのほか、ベトナムの英字新聞であるベトナムニュース紙の旅のコーナーでも、このトゥンアンビーチについて、「フオン川がタムジャンラグーンに注いで海に向かうところにあって、その地理的な位置と気候条件によって、季節ごとに姿を変える、実にすばらしいビーチである」と絶賛している(2)。

一九九九年の洪水時に砂州が決壊

ところが、現在のトゥンアンビーチ一帯は、第1章で述べたように一九九九年一一月の大洪水で砂州が決壊し、その後の激しい海岸侵食で、多くの家屋が倒壊・流失した場所にあたる。当局は二〇〇〇年一二月、ラグーンの湖岸にある水田の塩害防止と、砂州部分の交通確保のため、以前の道路より三〇〇メートル内陸側に堤防を建設し、砂州の決壊部分を締め切った。しかし、応急的に建設された堤防は、二週間後に再び決壊した。その後、二〇〇一年のテト（旧正月）前に再び締め切り工事をした結果、徐々に堤防の海側で砂の堆積が進んだ。人々はそこに、防風・防砂林としてフィーラオを植林し、現在その防風林は高さ十メートルほどに育っている。

　トゥンアンビーチのあるトゥンアン町は、先のベトナムニュース紙にも紹介されているように、フオン川がタムジャンラグーンに流入し、東海に注ぐトゥンアン湖口の東側に位置している。海側の砂州の上にあるハイティエン、ハイヒン、アンハイ、ハイタン、そしてミンハイの五つの地区と、

(1) Ana Mandara—HUE, VIET NAM—（http://anamandarahue-resort.com 2015.01.19）
(2) **Viet Nam News**, 1 June, 2012.

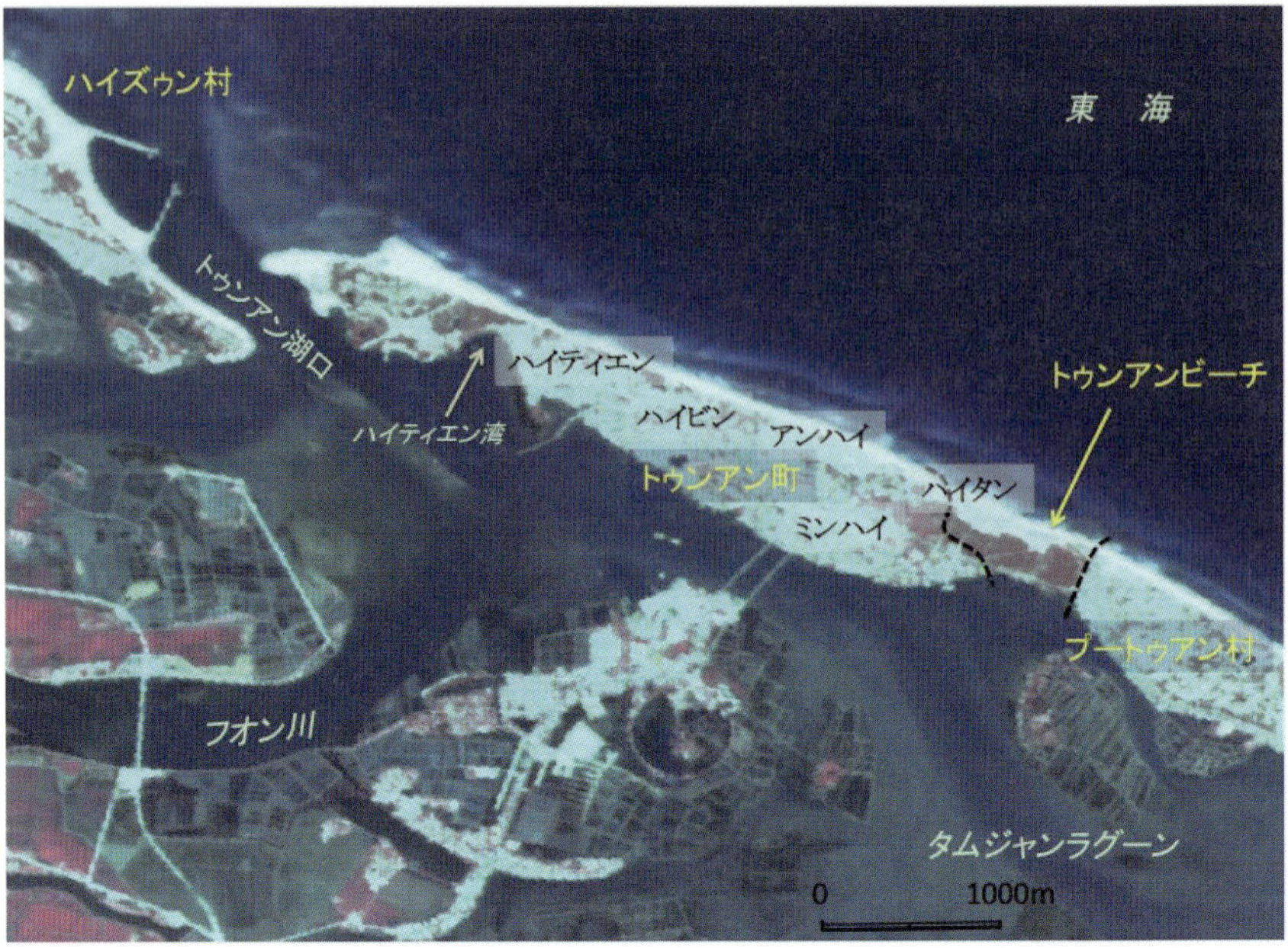

図 2　トゥンアンビーチとその周辺地区
トゥンアンビーチの黒い破線に挟まれた範囲が、1999 年の洪水時に砂州が決壊した部分。ビーチ背後の赤いところは、砂の堆積後に植林されたフィーラオの防風・防砂林。（2009 年 6 月 30 日撮影の ALOS AVNIR-2 のフォールスカラー画像に加筆）

フオン川河口の右岸にある七つの地区から構成され、総世帯数三八七五戸、人口二万四二四人の町である（図2、海岸の砂州上の地区名だけ記入）。一九九九年の洪水時には、町全体で死者三五人、負傷者五人、倒壊・流失家屋二一二戸、被害家屋六一七戸、被災総数五千人以上、被害総額九〇億ＶＮＤ（約四、五〇〇万円）という大災害となった(3)。とくに、現在観光客で賑わっているトゥンアンビーチのあるハイタン地区、およびそのラグーン側のミンハイ地区では、砂州の決壊に伴ってそれぞれ二三人、八人の死者が出た。

　さらにその後、砂州決壊地点の北西側で、二〇〇三年末頃までの約四年間にわたって激しい海岸侵食が進み、ビーチに近いホテルや民家が海の中に

(3) Hue Center of Social Science and Humanity (2006) Livelihood, Vulnerability and Local Adaptation Strategies to Natural Disasters in Huong River Basin -Case study in Thuan An Town, Phu Vang District, Thua Thien Hue Province-. 53p.

消えてしまった（第1章、図7）。しかしその後、砂州決壊地点が締め切られたあとは、周辺の海岸侵食は落ち着き、復活した砂浜には、最初に紹介したように再び海の家が並ぶようになった。

引き続くビーチの侵食

右に述べた洪水時の砂州の決壊や、その後の堤防建設を含む一連の海岸地形の変化を知らずに、トゥンアンビーチを訪れると、洪水前の砂浜と何も変わらないように思われる。しかし、現在の砂浜を注意して見ると、高さ五〇センチ〜一メートルほどの浜崖があちらこちらに見られる（図1）。そしてトゥンアンビーチの少し東側に行ってみると、波打ち際から数十メートル沖合で波が砕けており、その付近にはかつての家屋の基礎のコンクリートも残されている。これらは、トゥンアンビーチが、大洪水から十年以上たっているにもかかわらず、完全には元の状態に戻っていないことを物語っている。

また、トゥンアンビーチ西側のアナマンダラフエのあるアンハイ地区まで足を伸ばすと、ホテルの前の砂浜が激しく侵食されている光景を目の当たりにする。

筆者は、二〇一一年十二月、一二年十一月、一三年三月と八月に、同じ場所を訪れたが、行くたびにホテル前面の砂浜はやせ細り、海岸侵食がホテルの施設に迫っている様子が大変心配になった。すなわち二〇一一年十二月には、ホテル前面にまだ幅数十メートルの砂浜があったが（図3a.）、約一年後の二〇一二年十一月には、北西側の砂浜が著しく削られ、ビーチに植えられたココヤシの根元付近には連続した浜崖も見られた（図3b.）。さらに二〇一三年三月には、砂浜に植えてあるココヤシも波に洗われ、ホテルの敷地前縁の護岸基部が侵食によって露出し、一部の護岸は倒壊していた（図3c.）。さらに先に行くと、海岸侵食

a. 2011 年 12 月撮影　b. 2012 年 11 月撮影

c. 2013 年 3 月撮影　d. 2013 年 3 月撮影（c の写真のさらに前方）

図 3　アナマンダラフエ・リゾートホテル前の砂浜の侵食状況

はホテルの護岸を越えて、宿泊施設のすぐ前まで迫っていた（図３d.）。

これらの観察から、この付近一帯では、二〇一〇年十月のホテル開業直後から、北西から南東方向に向かって、急速に海岸侵食が進んでいることがわかる。その要因を確定するのは難しいが、後述するように、二〇〇七年から一一年にかけて、このホテルから約三キロ北西のトゥンアン湖口東側の海岸に、大きな突堤が建設されたことが関係していると推測される。

湖口東側の地形変化

第2章で述べた、トゥンアン湖口西側のハイズゥン村の海岸と同様に、湖口東側の砂州の先端部分も、近年激しい侵食に見舞われている。その付近は現在軍用地となっているため、周辺には集落はないが、砂州先端から約一キロ離れたトゥンアン町ハイティエン地区では、この五〜六年の間に毎年二五〜三〇メートルほど浜が侵食されたとのことであった。冬季の高波と侵食で危険なため、当局は二〇〇七年以降、海岸線から二〇〇メートル以内を居住禁止とし、その部分に居住する住民を別の場所に移転させている。かつてこの付近の海岸沿いにあった四一戸の世帯は、二〇〇七年〜一〇年に同じ町内の内陸側に移転し、そのあとには取り壊された家屋の残骸が残され、まるでこの一帯が大津波に遭ったかのようである（図４）。

図４　トゥンアン町ハイティン地区の移転した住宅の跡（2012 年 7 月撮影）
ここではフィーラオの防風林もまばらで、海岸が間近に迫っている。

この移転については、第2章で述べたハイズゥン村と同様に、移転先の土地は無料で提供されるものの、新居の建築費用はその半額一五〇〇万ＶＮＤ（約七万五〇〇〇円）までが補助される。しかし住民にとって、新しい土地で住居を再建するのは、大きな負担となっている。そのため、住民のなかには指定された土地ではなく、海岸線から二〇〇メートルの規制線のすぐ外側に住み替えた人もいた。

そのような住民の家を訪ねてみると、小さな家の壁に、「ＦＡＯとイタリアのヴェネト地域からの支援によって二〇一一年五月に作られた」と記されたプレートが取り付けてあった。第6章でも述べるように、フエのラグーン域では二〇〇五年から一一年にかけて、イタリアおよびベトナム政府の基金で、ＦＡＯ（国連食糧農業機構）の「ラグーンでの諸活動の総合的管理に関するプロジェクト」が実施

図５　トゥンアン町ハイティエン地区の
長さ約 200m の突堤 (2012 年 7 月撮影)
突堤の西側 (写真では左側) には砂が堆積し、この突堤から
約 500 mの区間は侵食が治まっている。

図６　図５の突堤の先に延長 100m ほど積まれた
大型のテトラポッド (2012 年 7 月撮影)
2010 年～ 11 年に設置されたが、すでに一部は崩れている。

されており、その関連でこのような移転せざるをえない貧しい住民への支援が行われたと思われる。

この家の住民によると、「三年前にここに移転したが、砂州の先端に近いところに突堤ができてから、それまでの激しい海岸侵食は治まった」と言う。しかし、「二年前までは家の井戸から地下水を汲んで飲用に使っていたが、今（一二年七月）は井戸水の塩分濃度が高く、飲用できなくなった。そのため、街から二〇《リットル》入りのミネラルウォーターを、ボトルで買って来なければならない」とのことであった。

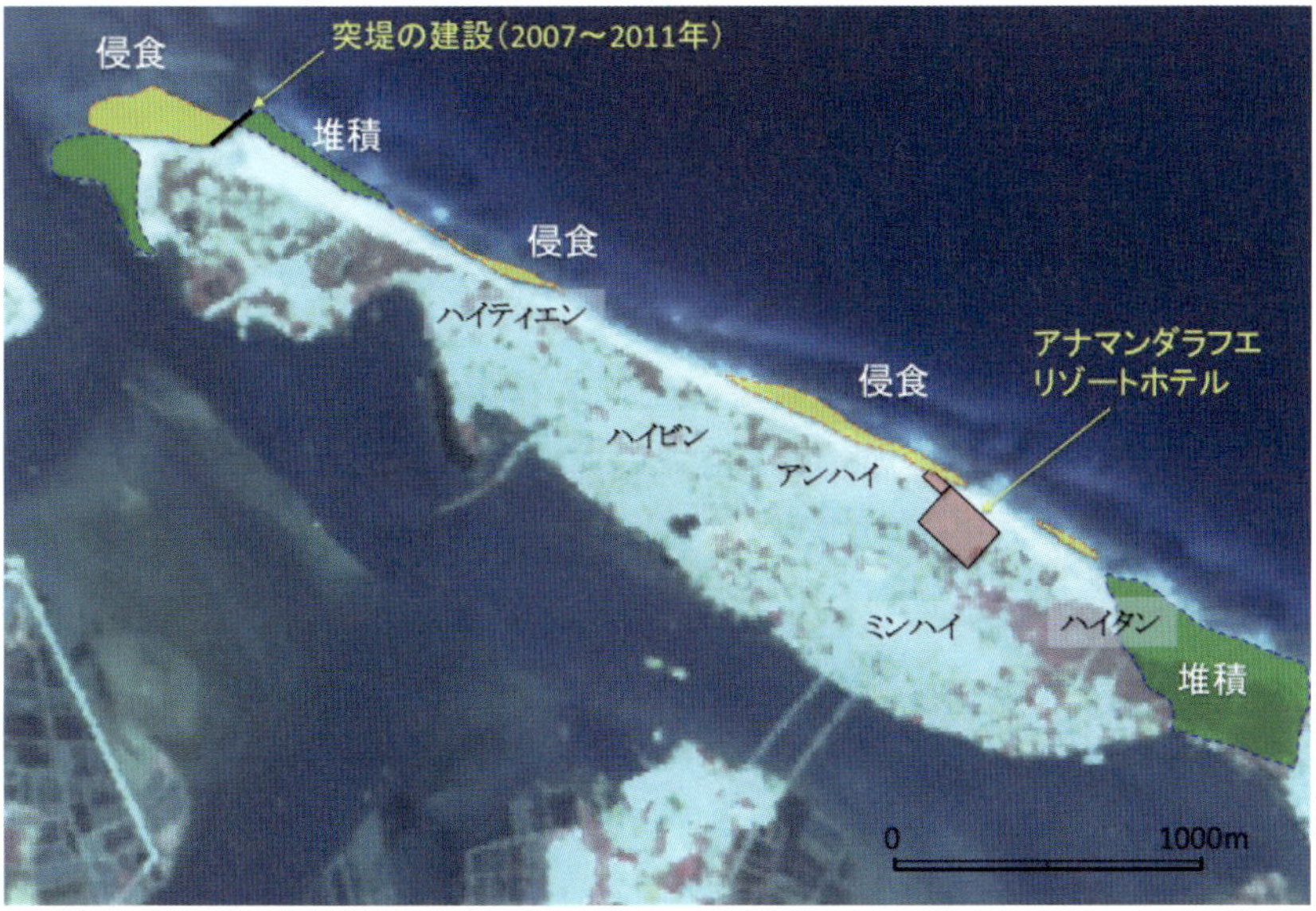

図7　トゥンアン町の海岸における2002年～2009年間の地形変化
(2009年6月30日撮影のALOS AVNIR-2のフォールスカラー画像に加筆)

トゥンアン町役場の話では、二〇〇七年～一〇年にかけて、トゥンアン町側の砂州の先端付近に、一・三メートル四方の大きさのコンクリートブロックを三～五列、延長約二〇〇メートルの長さに並べた突堤が建設された（図5）。そして二〇一〇年～一一年には、さらにその突堤の先に延長一〇〇メートルほど、大型のテトラポッドが積まれた(図6)。これらの工作物により、現在はその東側に砂が堆積し、ハイティエン地区の厳しい海岸侵食はひとまず治まっているとのことであった。

そこで、右の住民の話や役場の説明を確かめるために、第2章と同じように、二〇〇二年の発行の二万五千分の一地形図と、二〇〇九年六月撮影のALOSの衛星画像とを比較し、トゥンアン町の海岸線の変化を示した（図7）。

その結果、突堤の東側約五〇〇メートルの範囲は、確かに二〇〇二年～〇九年の間に砂が堆積して海岸線が沖側に前進している。しかし、突堤の西側と、ハイティエン地区より東側の海岸線は、侵食され海岸線が後退していることがわかる。また、先に述べたアナマンダラフエ・

リゾートホテルの北西側の、ハイビン~アンハイ間の海岸約八〇〇メートルの範囲も、この期間に侵食されている。

図7では、堤防建設二年後の二〇〇九年までの変化しかわからないが、その後もこのような海岸線の侵食と堆積の傾向は、継続しているものと推定される。すなわち、先に述べたアナマンダラフエ・リゾートホテル前面の激しい海岸侵食は、このような二〇〇七年~一一年にかけての突堤建設による、海岸での侵食と堆積の変化による影響を強く受けたと考えられる。

図8　トゥンアンビーチ東側のプートゥアン村の海岸に設置されたスタビプラージュ（2012年9月撮影）

海岸侵食への対応策とその評価

地元のトゥアティエン・フエ紙によると、トゥアティエン・フエ省は、砂州決壊地点の東側に位置するプートゥアン村で、二〇〇六年末以降、三〇〇億ＶＮＤ（約一億五千万円）かけて海岸侵食に対する緊急対策を実施した[4]。それは、スタビプラージュと言う海岸侵食防止のための柔らかい固着材を敷設する事業で、その最初の工事が二〇〇七年八月に完成している。現場に行ってみると、内径約二メートル×二メートル、長さ数十メートルの細長い巨大な化学繊維でできた袋の中に、砂がびっしり詰められ、それ

(4) **Thua Thien Hue**, 27 April, 2012.
(5) STABIPLAGE®technology (http://www.stabiplage.com 2012.07.25)

が海岸線に直角に、突堤として数十メートルおきに設置されている（図8）。

　この技術を開発したフランスのスタビプラージュ社のホームページを見ると、各地の施行前と施行後の写真を並べ、この工法がいかに景観的に優れ、費用も安く、工期が短く、生態系にも優しいかなど、すばらしい効能がうたわれている(5)。そして、この技術が最初に一九八六年に施行されたフランス西海岸の事例では、今日まで維持のための費用はかかっていないとも説明されている。

　しかし、先の地元紙によると、設置から四〇年間は海岸の保全ができるとのことだったが、プートゥアン村のホアデュン港に二〇〇七年八月に設置されたスタビプラージュは、一年後には波によって打ち破られ、外側のポリプロピレン強化ポリアミド層の三分の二は完全に破れてしまったと伝えている。それでも当局は、二〇一〇年にさらに六カ所にスタビプラージュを設置し、その効果モニター中と報道されている。

　一方、トゥンアン町側での海岸侵食への主な対応策は、先に述べた砂州先端付近における突堤建設で、これには一八〇〇億ＶＮＤ（約九億円）かかっている。しかしながら、先に述べたように、この突堤建設の効果は限定的で、突堤の東側約五〇〇メートルに限られている。また、そこから離れた東側の海岸で、新たな海岸侵食を引き起こしている可能性がある。その他トゥンアン町では、砂州決壊地点の締め切り後、砂が堆積した範囲にフィーラオを植林した。しかしこれは、砂浜の安定と防風・防砂林としてであり、侵食が進行している海岸には適用できない。

集落の緊急移転

トゥンアン町では、一九九九年の大洪水で被災した集落に対し、災害後緊急に住宅を内陸の二カ所に移

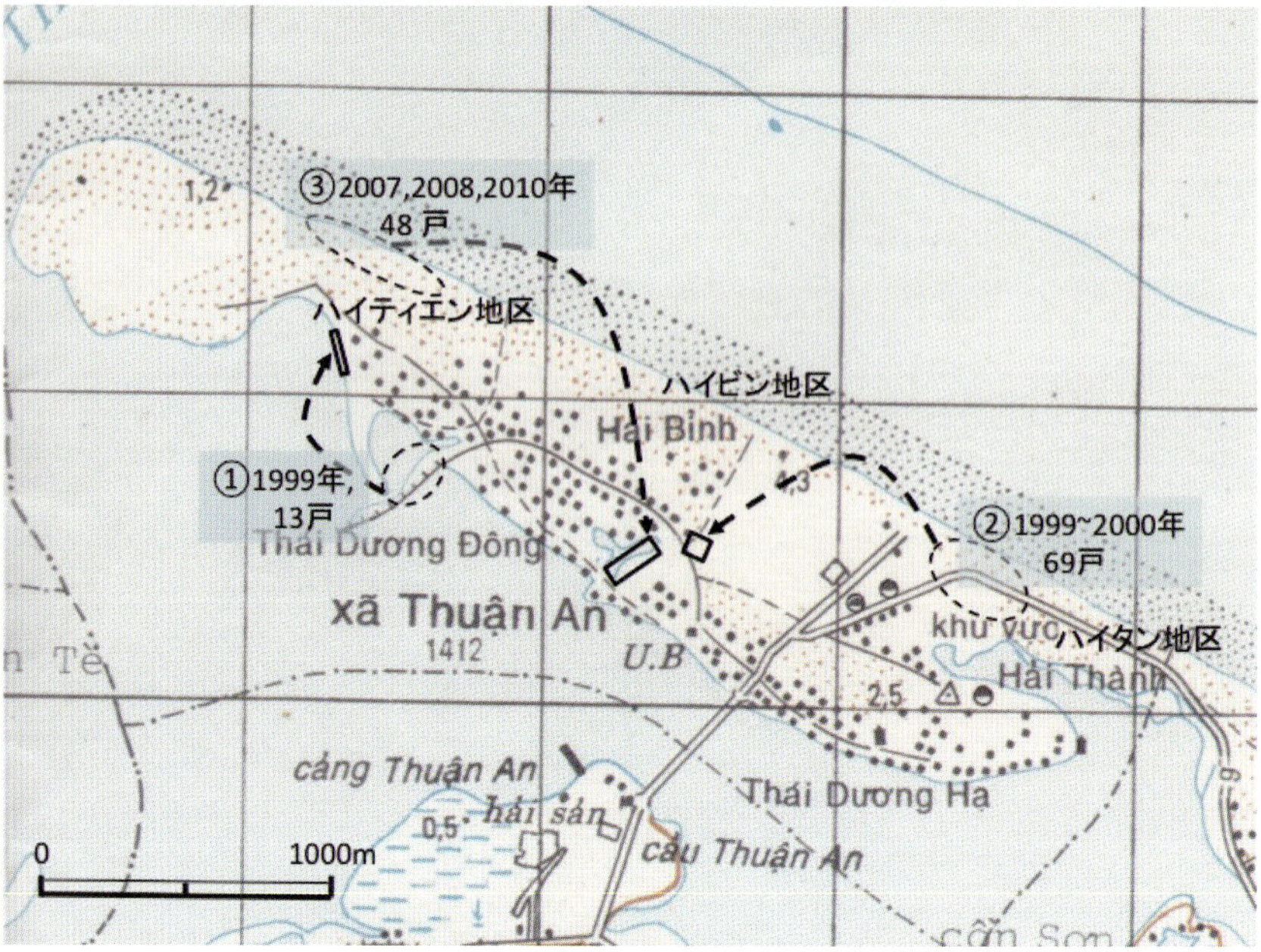

図９　トゥンアン町における集落の移転（1999 年～ 2010 年）
（1994 年発行の 1/50,000 地形図 CUA THUAN AN に加筆）

表１　トゥンアン町における集落の移転（1999 年～ 2010 年）

移転元	①ハイティエン地区（ラグーンの砂嘴上）	②ハイタン地区（砂州決壊地点の北西側）	③ハイティエン地区（砂州先端近くの海岸側）
移転先	ハイティエン地区 (ラグーンの湖岸)	ハイビン地区 (砂州中央部)	ハイビン地区 (ラグーン側の湿地)
移転先の敷地面積	0.1ha	0.9ha	1.6ha
移転先の地盤高	0.5 m	1.5 ～ 1.8 m	0.8~0.9 m
移転年	1999 年	1999 ～ 2000 年	2007,08,10 年
移転の理由	1999 年洪水被害	1999 年洪水被害	海岸侵食
移転戸数	13 戸	69 戸	48 戸
移転のための補助	広さ $40m^2$ の家（1,400 万～ 1,600 万 VND(7~8 万円) 相当）	陸軍省より補助あり（詳細は不明）	1 世帯につき 1,500 万 VND(7.5 万円) の補助

（トゥンアン町役場での聞き取りにより作成）

転させた（表1）。一つは、ハイティエン地区のラグーンに面した小さな砂嘴の上で被災した住民を、そこから約五〇〇メートル離れたラグーン湖岸の面積〇・一ヘクタールの土地に、一戸四〇平方メートルの家を一三軒造って移転させた（図10）。一軒に平均五人の家族が入居しているが、当初の家ではあまりに狭いので、その多くが六〇平方メートルに建て増しして住んでいた。これらの家の背後はすぐにラグーンの水面で、土地の高さは〇・五メートルもない。

図10　トゥンアン町ハイティエン地区の緊急移転地の住宅
（2012年11月撮影）
ラグーンの湖岸の砂浜0.1haの敷地に、1戸40㎡の家が13軒並んでいる。

図11　トゥンアン町ハイビン地区の緊急移転地の住宅
（2012年11月撮影）
ラグーンにつながる入り江周辺の湿地1.6haの敷地に、48戸が移転してきた。

もう一カ所は、洪水による砂州決壊地点の北西側の住民を、洪水後から二〇〇〇年にかけて、ハイビン地区の砂州中央付近に移転させた。ここの土地の標高は一・五〜一・八メートルで、面積〇・九ヘクタールの敷地の中央に道路を配し、全戸数六九軒を計画的に建設したように見えた。

さらに、先に述べたように、海岸侵食が激しく危険になったトゥンアン町ハイティエン地区の住民を、二〇〇七年以降、ハイビン地区のラグーン湖岸の入り江周辺の湿地一・六ヘクタールに移転させている（図11）。これまで四八戸が移転しているが、元々土地の標高が〇・八〜〇・九メートルしかない湿地であるために、生活環境は必ずしも良好とは言えない。

長期的視野での対応策

行楽客でにぎわうトゥンアンビーチの周辺では、右に述べたように、現在も深刻な海岸侵食が進行中である。市民が訪れるビーチでも、よく観察すると、海の家から浜に出るには、場所によっては比高数メートルの急な斜面を降りなければならず、また波打ち際から沖合数十メートル行くと急に胸あたりの深さになる。このような地形の特徴は、このビーチが一九九九年の洪水前と全く同じような状態に、戻ったのではないことを示唆している。

第2章でも述べたように、当局は今後総費用一六〇〇億ＶＮＤ（約八億円）をかけて、トゥンアン湖口西側のハイズゥン村と東側のトゥンアン町に、それぞれ長さ六〇〇ｍ《メートル》と同五〇〇メートルの海岸堤防を建設する計画だと言う。しかし、本章で紹介したトゥンアンビーチ周辺の砂浜の侵食については、波浪や沿岸流の変化などの自然的要因、また突堤建設などの人為的要因を含めて、複数の要因が関わっていると推測され、その対策は簡単ではない。

しかも、ＩＰＣＣの第五次報告書で予測されたように、今世紀末までに二六〜八二セン海面が上昇する可能性があることを考慮すると、今後、このトゥンアンビーチだけでなく、多くの自然海岸とくにラグーン周辺の砂浜海岸では、さらに海岸侵食が激しくなることが懸念される。そうすれば、先のスタビプラージュや大型テトラポッド、海岸堤防など、構造物による侵食対策だけでは、決して十分なものとは言えないであろう。

また、気候変動による大雨や高潮の危険性の増大も考慮すると、将来トゥンアン町では、一九九九年の洪水時に決壊したハイタン地区のみならず、砂州の先端に近いハイティエン湾（図２）の部分も決壊する恐れがある。

これらのことを考えると、トゥンアン町だけでなく、第２章で述べたハイズゥン村を含めたトゥンアン湖口の周辺地域全体で、海岸侵食や洪水・高潮に対する、長期的な視野からの土地利用のあり方や住民の住み方を十分に検討する必要がある。まずは、十年、二十年〜百年という期間で、対象地域の各地区の海岸侵食、洪水・高潮などに対する脆弱性を科学的に評価することが大切である。そして場合によっては、これまでのような災害後の緊急移転ではなく、移転先の土地条件や移転後の住民の生業についても十分検討し、災害に遭う前に計画的に集落を移転させることや、土地利用の規制など、ソフトな対策を含めた総合的な対応が重要と思われる。

4　砂に埋もれたチャムタワー――プーディエン村

二〇〇一年四月、タムジャンラグーンと東海にはさまれたプーディエン村の海岸砂丘で、厚さ5メートル以上の砂に埋もれて、思いもかけない古い時代の建造物が発見された。チャンパ王国時代に築かれたとされる、チャムタワーと呼ばれるレンガ造りの古い塔の下半部であった。これはその後、村の地区名を冠してミーカン遺跡と名付けられた[1]（図1）。

チャンパ王国とは、その領域に変化はあるが、ベトナム中部の海岸地域を主体として、二世紀末から十九世紀初めにかけて存在していた王国のことである。この時代の遺跡は、世界文化遺産にも指定されているクアンナム省のミーソン遺跡を始め、多くはフエ省より南の中南部海岸地帯と中部高原地帯の一部に残されている。しかし、そのようなチャンパ王国時代の塔が、これまで知られていた範囲より北側の、トゥアティエン・フエ省の海岸砂丘の下から発見された意義は大きい。

以下では、この砂に埋もれて発見された、チャムタワーをめぐるいくつかの謎について、述べてみたい。また同時に、この貴重な遺跡保存のために取り組まなければならない、将来の海面上昇の影響およびその対応についても考えたい。

（1）Nguyen Van Kur（2007）*DI SAN VAN HOA CHAM*（*Heritage of Cham Culture*）The Gioi Publishers,119p, pp30-31.

ベトナム中部のチャンパ時代の遺跡

チャンパ王国時代に建造された塔、いわゆるチャムタワーは、ヒンズー寺院と同様に、世界の中心にそびえるとされるメール山（須弥山）を象徴しているとされる。その平面形は通常は方形で、正面入り口は日の出方向である東を向く(2)。塔は、基本的には「寺院」のような性格の崇拝の対象で、塔の奥にある聖所には、シバ神の象徴としてのリンガ（男根像）や、女神シャクティの象徴としてのヨニ（女陰像）が祀られている。

チャムタワーは、建築様式の特徴から、古い順に（1）ミーソンE1型式（八世紀）、（2）ホアライ型式（九世紀前半）、(3)ドンジュン形式(九世紀後半)、(4)ミーソンA1形式（十世紀）、(5）過渡的形式（一一世紀）、（6）ビンディン形式（一二〜一五世紀）。そして（7）末期形式（一六世紀）の7形式に分類されている(1)。これらの時代の塔は、八七五〜九七八年に都だったクアンナム省のアマラヴァーティや、九八七〜一四八五年に都が置かれたビンディン省のヴィジャヤなどの地

図1　プーディエン村で発見されたチャムタワー（ミーカン遺跡）
タワー本体は保存のため透明なドームで覆われている（2012年7月撮影）。

（2）Ngo Van Doanh（2010）Champa old towers-Reality and legend. in *Thap co champa*（*Champa Old Towers*）（Nguyen The Thuc, 2010）, pp16-21.

図２　チャムタワーの分布
Nguyen Van Kur(2007) の図をもとに作成。

域に多く残されている（図２）。八世紀より以前の初期のチャンパ王国の都は、具体的な場所や時期はまだ特定されていないが、フエとダナンを隔てるハイヴァン峠より北にあったとされている。しかし、北から大越国の支配の拡大などによって、チャンパ王国の領域は次第に南に移り、ついには一八三二年にフエに都をおいたグエン（阮）朝に併合される。

砂丘の下から発見されたチャムタワー

フエ省の海岸には、延長約七〇キロにわたって、幅六〇〇メートル～約三キロの浜堤と呼ばれる主に砂からなる小高い台地状の地形が連なり、その海よりには標高十～四〇メートルに達する砂丘が発達している。第３章で取り上げたトゥンアンビーチから、約十キロ東にあるプーディエン村ミーカン地区の標高十～十二メートルの砂丘地帯で、二〇〇一年四月、ティタニウムの採掘中に遺跡が発見され、その後専門家による発掘が行われた。二〇〇五年十月からは遺跡の保護と再び砂に埋もれないよう、タワーを覆う透明なドームと、遺跡全体を取り囲むように防護壁が整備され、二〇〇七年五月に完成した。

その防護壁の高さは約八メートルで、塔が建っている地面の部分が三〇メートル四方、壁の上辺が六〇メートル四方のすり鉢状になっている。現在訪ねてみると、遺跡を取り囲む斜面に植えられたフィーラオの樹々が大きく育ち、このチャムタワーが厚さ約五〜十メートルの砂に埋もれていたとは、とても信じがたい（図3）。さっそく、きれいに整備された階段を下って、ドームに保護されたチャムタワーを目指そう。発掘され、現在見ることのできるチャムタワーは、基盤が幅約七メートル、奥行き八メートル、残っている塔の高さは約三メートルで、基礎がたわみ部分的に若干傾いている。

　この塔が築かれた時代については、正面入り口のアーチ下の通路や、壁の一部を張り出した柱などの特徴が、ミーソン遺跡のE1タイプに属すること、また炭素14年代測定の結果からも、八世紀中頃と考えられている（3）。すなわち、ベトナム国内に現存するチャムタワーの中では最古で、しかも地理的に最も北に位置する塔と言うことになる。

図3　ミーカン遺跡のチャムタワーへの入り口
いったん海岸砂丘の上まで登り、そこから階段を約8m下った所に遺跡がある（2012年7月撮影）。

塔の正面はどこを向いているか

　ところで一般に、チャムタワーの正面入り口は東側を向くとされるが、このミーカン遺跡で塔の正面入り口と奥の祭壇を結ぶ中心軸の方角を調べてみると、真東より南に十八度ずれている（図4）。

　この角度のずれには、何か意味があるのだろうか？

　チャムタワーの内部には、通常「リンガ」や「ヨニ」が祀

（3）Nguyen The Thuc（2010）*Thap co champa*（*Champa Old Towers*）NXB Thong Tan,127p, pp22-29.

図４　チャムタワーの入口より見た通路と奥の祭壇
入口と奥の祭壇を結ぶ軸線は、真東より少し南側にずれている（2012 年 7 月撮影）。

られていると先に述べたが、これらはいずれも、創造や再生の象徴である。したがって「太陽の再生」、すなわちだんだん弱まった太陽が再び強く輝きだす「冬至」こそが、チャムの人達にとっては重要な意味を持っていたのではないだろうか。そこで、この地点での冬至の日の出の方角を調べてみると、真東より南に二十四度である。残念ながら塔の正面の向きと、この地点における冬至の日の出の方角とは、約六度ずれていることになる。

そこで、ベトナムの現存する他のチャムタワーの正面入口の向きを、グーグルアースで識別できる範囲で調べてみた。すると、必ずしもすべてが真東を向いているわけではなかった。しかし、その多くは、いずれも真東から一〇度前後以内の東方を向いている。したがって、ミーカン遺跡のチャムタワーの正面の向きも、厳密に決められたのではないかも知れない。しかし、当時のチャムの人達が、冬至の日の出の方角を意識して塔の正面の向きを定めたと考えると、とても興味深い。

ミーカン遺跡から発掘された遺物のいくつかは、フエ城内にあるフエ省歴史革命博物館に展示されている。展示品の中には、一般に、塔の奥の聖所に祀られているとされるリンガは見当たらないが、内部にあったヨニが正面中央に展示されている（図５）。砂岩でできたこのヨニ像は、奥行き三・九メートル、幅三・三メートルで、中央に直径一九センチの丸い凹みが認められる。また、遺跡発掘中に発見された土器や燭台の破片も、「チャンパの遺物」と記された隣の展示ケースに並べられている。

遺跡に迫る海岸侵食

ところで、チャムタワーが埋もれていた砂丘のすぐ海岸側は、比高約五㍍の急崖になっており、現在激しく海岸侵食を受けている。

プーディエン村役場のディエン氏（四五歳）によると、この付近の海岸では一九八〇年代から砂浜の侵食が始まり、それ以前の彼が子供の頃は、砂浜でフットボールができるほどだったと言う。その砂浜は、一時期は年に幅五～一〇㍍も削られたそうで、最近では波打ち際が砂丘の斜面に達したため、海岸線の後退速度は少し遅くなって、年に一～二㍍ほどとのことであった（図６）。

そこで、入手した一九六五年と二〇〇二年発行の新旧二時期の地形図で、それぞれの海岸線の位置を比較してみた。するとプーディエン村の海岸では、一九六五年～二〇〇二年の三七年間に、約五〇㍍～最大約一〇〇㍍の海岸侵食が起こったことがわかった（図７）。ディエン氏の、「昔は砂浜でフットボールができた」と言う証言は、それほど誇張された表現ではないよう

図５　ミーカン遺跡から発見された砂岩製のヨニ
（フエ省歴史革命博物館、2012 年 8 月撮影）

図6　チャムタワーが埋もれていた砂丘の海側の侵食崖
写真左手のフィーラオの防風林のすぐ背後がミーカン遺跡。遺跡が発見された砂丘の海側は，比高約5ｍの急崖になっており、現在も海岸侵食が進行していることがわかる（2012年7月撮影）。

だ。

一方、二〇〇六年五月七日撮影のクイックバードの衛星画像を見ると、二〇〇一年の遺跡発見後、〇五年から始まった遺跡保護のための整備事業や、遺跡東側の海岸の様子が詳しく観察できる（図8）。すなわち、撮影時の汀線、高潮位線、その背後の真っ白な砂浜、そして遺跡周辺の砂丘上に列をなして植栽されているフィーラオの防風林などが判読できる。砂丘と海岸の砂浜との間には、図8でaとbの線の間の、やや青っぽく見える海食崖が確認できる。

現在の遺跡を囲む壁の海岸線に最も近い北東側の角から、海岸線と直行する方向に地形断面を測量し、二〇〇六年撮影の衛星画像から推定される同じ地点間の各距離と比較してみた（図9）。

その結果、遺跡の壁の北東角と海食崖上端との距離は、二〇〇六年五月の衛星画像では四二メートルと推定されたが、二〇一二年九月の測量結果では三六メートルしかなかった。同様に、遺跡の壁の北東端と海食崖下端との距離は、二〇〇六年五月の画像で五五メートルであるが、二〇一二年九月の測量結果では四九メートルであった。いずれも六メートル短くなっている。すなわち、この地点では二〇〇六～一二年の六年間に、海岸の侵食崖が六メートル後退したと言うことになる。その後退速度はちょうど年に一メートルで、村役場のディエン氏の証言とも一致する。

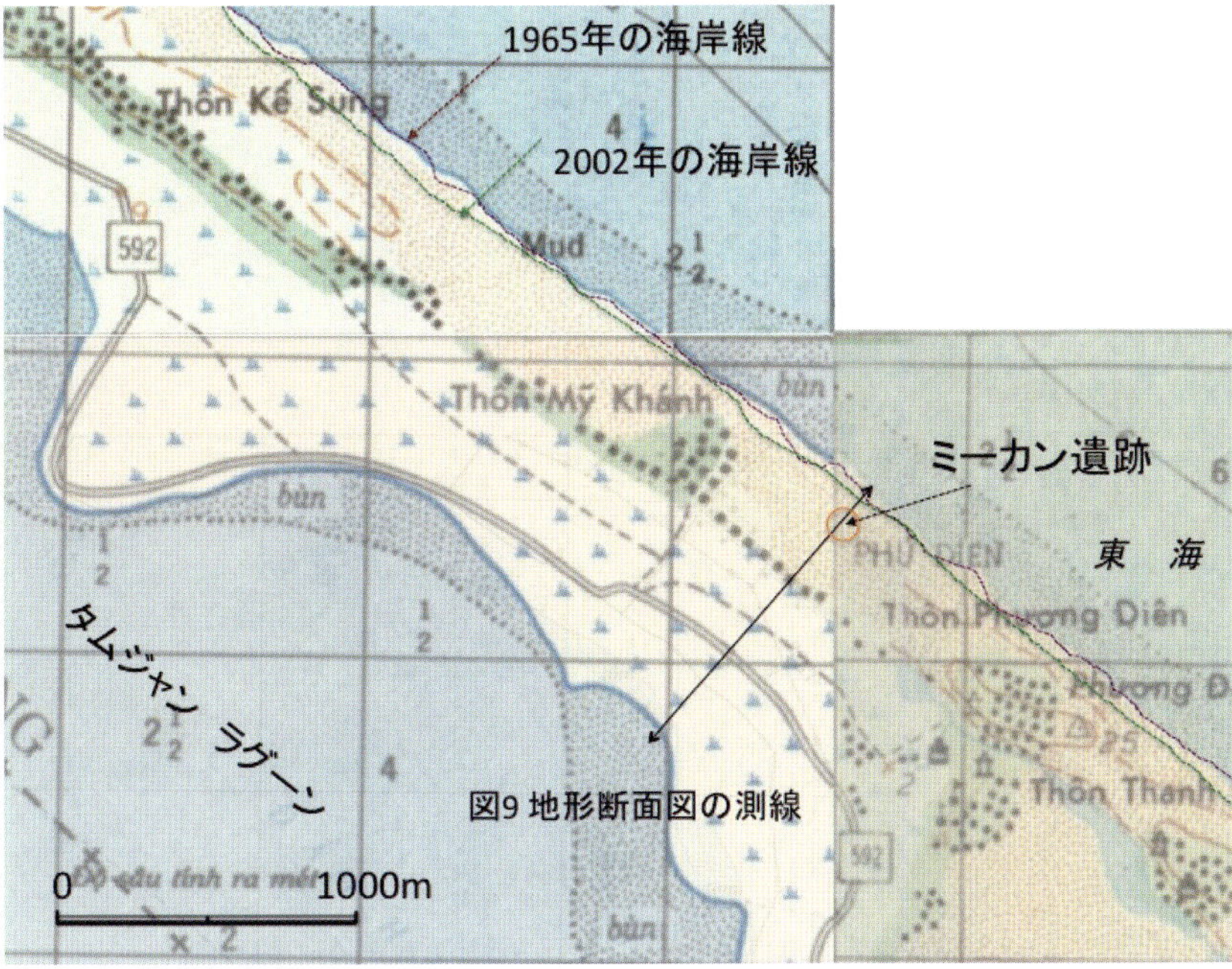

図 7　プーディエン村周辺の 1965 年〜 2002 年の海岸線変化
(1965 年旧米国陸軍地図局発行の 1/5 万の地形図、2002 年発行の 1/2.5 万の地形図を利用)

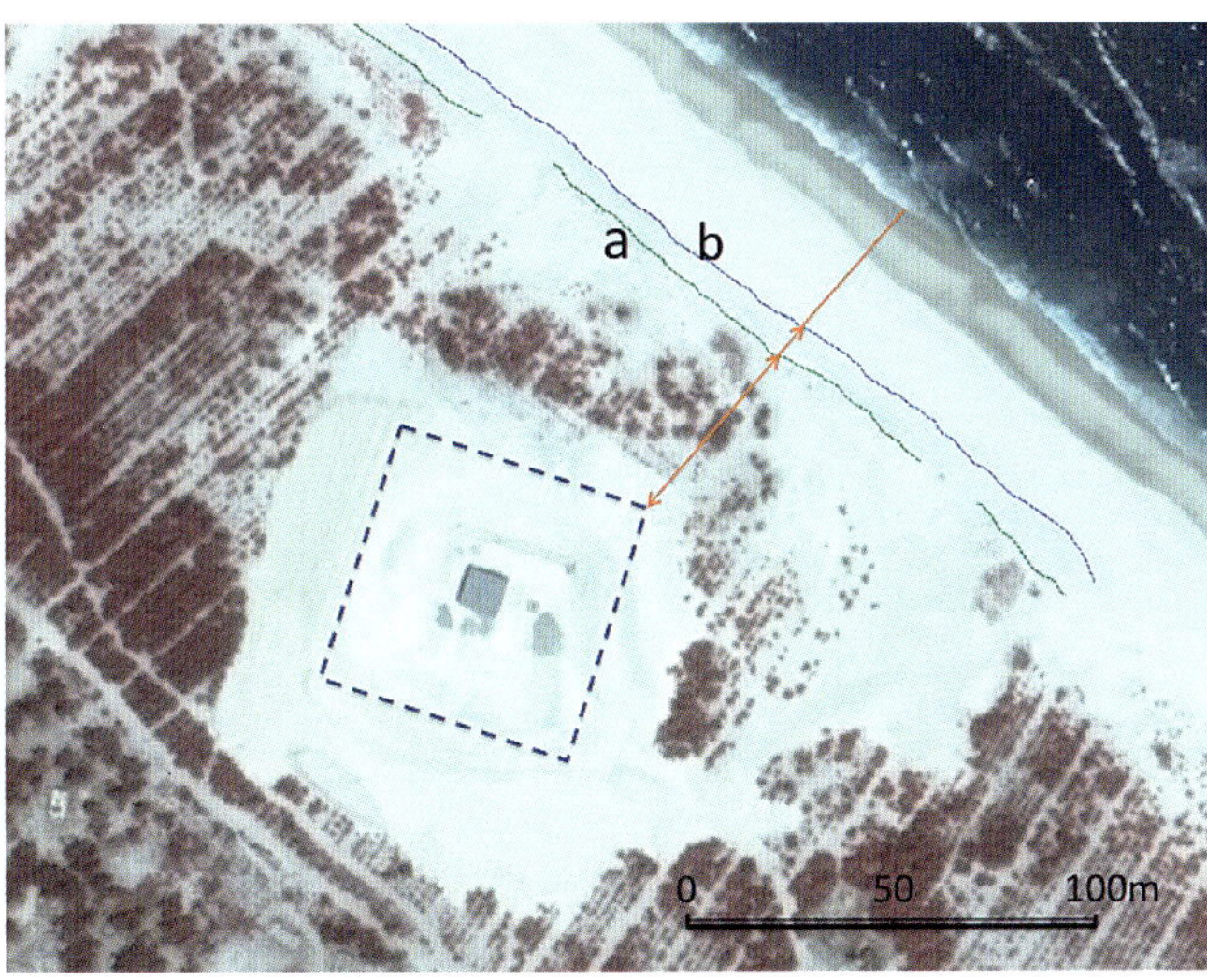

図 8　ミーカン遺跡の発掘整備中の衛星画像
正方形の破線は遺跡を囲む壁を加筆、a と b の線の間が海食崖
(2006 年 5 月 7 日撮影の QuickBird のフォールスカラー画像に加筆)

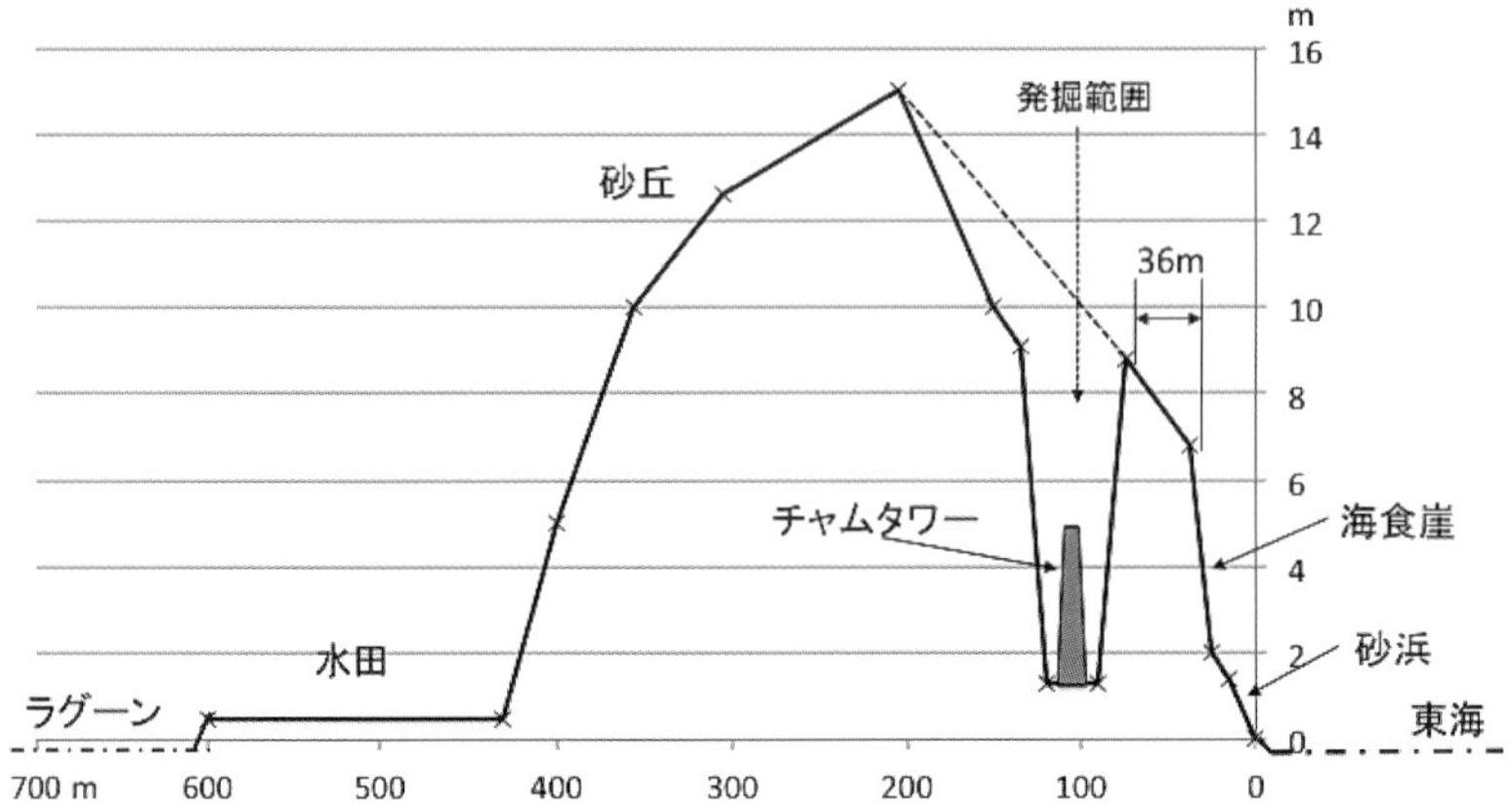

図 9　プーディエンのミーカン遺跡付近の地形断面図
発掘されたチャムタワーの防護壁の上端と海岸の海食崖との距離は、最も短いところでわずか 36m しかない。また遺跡の基盤は、標高 1.8 mの高さである。

現在、海食崖上端から遺跡の壁の北東角までの距離は、三六《メートル》しかない。このまま、現在のような海岸侵食が続くと、あと数十年のうちに現在の遺跡を囲む防護壁の位置まで、海岸侵食が及ぶと予想される。

一方、遺跡が立地している場所の標高は、現在の海水面からわずか一・八《メートル》しかない。やはり今後、海岸侵食が進んで海岸線と遺跡の位置が近づき、あるいは気候変動や海面上昇にともなって、この付近一帯の地下水位が上昇すると、遺跡が立地している地盤に様々な影響が出てくることが懸念される。いずれにせよ、ベトナムにおけるチャンパ王国の歴史を考える上で、大変貴重なこのプーディエン村のチャムタワーを、今後長期的にいかに保存・保全して行くのかは、緊急かつ重要な課題である。

ミーカン遺跡の立地と埋没の謎

本章では、ラグーンと海とを隔てる海岸砂丘の下から発見された、八世紀のチャムタワーについて、その特徴と現在および今後の海岸侵食や海面上昇への対応など、遺跡が抱える課題について述べた。

しかし、そもそもなぜ、このような海岸に近い低い場所に、当時のチャムの人びとが聖なる塔を築いたのか。一般に、チャムの人びとは海のシルクロードの一端を担っており、交易に適した港を望む、見晴らしの良い丘の上に塔を建てたとされている。

またここでは、塔の建設後、現在までの間に厚さ約一〇㍍もの砂に埋もれてしまった。この間、いかなる環境の変化があったのだろうか。これも大きな謎である。

これらの謎に、明解に答えてくれるような報告は、今のところ見当たらない。二〇一二年三月二一日付けのベトナムニュース紙では、後者の謎について「研究者は、おそらく地震によって（遺跡が砂に埋もれた）と考えている」と紹介しているが、その証拠については紙面では一切触れられていない。

このミーカン遺跡の特異な立地や、その後なぜ砂丘に埋没したかについては、八世紀と言う時代を考えてみる必要があるだろう。少なくともチャムタワー建設時には、現在遺跡を埋めている標高一〇〜一二㍍の砂丘は存在しなかったはずである。その後、何らかの環境変化によって砂丘が急速に発達し、それに伴って比較的短期間に、遺跡が砂に埋もれたと考えるのが自然である。

フエ省におけるもう一つのチャムタワー

二〇一二年のフエ滞在中に、フエに住む日本人の集まりの場で、右のミーカン遺跡のチャムタワーの話をしたところ、トゥティエン・フエ省内にもう一カ所チャムタワーがあるという意外な情報を得た。フエ市内にある日本酒製造会社で、杜氏として十年間働いているＳ氏からである。そこで、さっそく現地を案内してもらった。

フエの旧王城の南側を通る国道一号線を、ハノイ方向に約二十分走った田園地帯の、小さな集落の背後にこんもりと茂った森がある。中には大きな木が何本もあるが、全体が藪のようになっていて、目的のチャムタワーらしい建造物は見当たらない。しかし、藪を分け入っていくと生い茂った草木の間から、崩れかかった塔の一部と思われるレンガが確認できた(図10)。そのレンガの隙間には、新しい線香が何本も差し込まれ、地元住民がこの塔を普段から祭っていることがうかがえる。崩れかけた全体の高まりは、地面から四・六メートルの高さがあった。

集落の住民にこの遺跡について聞いたところ、数年前にハノイ大学から研究者が調査に来て、サンプルを持ち帰ったとのことであった。しかしその後、遺跡の公的な発掘や保全などの事業は全く行われておらず、ただ草木に覆われ崩れていくままになっている。ただし、二〇一一年発行の縮尺二十三万分の一「フエ文化観光地図」(4)には、先に紹介したミーカン遺跡のチャムタワー(ベトナム語でタップチャム)とともに、この場所にタップドイという注記がある。タップドイとは、「双子の塔」と言う意味なので、ここには二つの塔が建っていたのだろう。この地図の二〇〇六年版には、どちらの注記もないので、近年書き加えられたようだ。

この遺跡に関する報告書等は見つけることはできず、塔の建設時期についても今のところ手がかりがない。しかし、次第に南に移っていったと言うチャンパ王国の歴史や、この遺跡のレンガと先のミーカン遺跡のチャムタワーのレンガとは大変似ているように見えることから、ミーカン遺跡とほぼ同じ時代のものかもしれない。

そこで、両遺跡の位置関係を検討してみた。すると驚いたことに、この二つの遺跡は直線で約二三キロ離れているが、ほぼ正確に東西に並んでいることがわかった。すなわち、ミーカン遺跡は北緯十六度二九分四五・一八秒に位置し、タップドイ遺跡は北緯一六度三〇分二九・一九秒にある。全くの偶然とは考えにくい。タップドイ遺跡は、ミーカン遺跡の建設前後から、それが砂丘に埋没するより前の、ほぼ同じ時代に作られた遺跡と推測しても良いのではないだろうか。

少なくともミーカン遺跡が作られたのは八世紀中頃と推定されているが、ここで日本の古代史とも関連する、ある興味深い人物が思い出される。それは、七三三年（天平五）に第十次遣唐使の判官として唐に渡り、翌七三四年の帰国時に暴雨風で船が南に流され、「崑崙」に漂着し、その都に連行されたという平群広成《へぐりのひろなり》のことである[5]。「崑崙」とは当時のチャンパ王国のことで、その都の場所は定かでないものの、平群広成が漂着した時代と場所は、まさにここで述べたチャムタワーが建設される少し前の、この海岸平野一帯だったかもしれない。

図 10　タップドイ遺跡のチャムタワーの一部
傾いた塔の壁に、新しい線香が何本も差されている。赤い串状のものが、線香の持ち手部分（2012 年 9 月撮影）。

残された謎の解明に向けて

ミーカン遺跡の立地でも述べたように、多くの場合チャムタワーは、交易に適した港を望む場所に建てら

(4) MOI TRUONG VA BAN DO VIET NAM (Thua Thien Hue Cultural— Tourist Map) (2006, 2011, 2013) A2 判 .

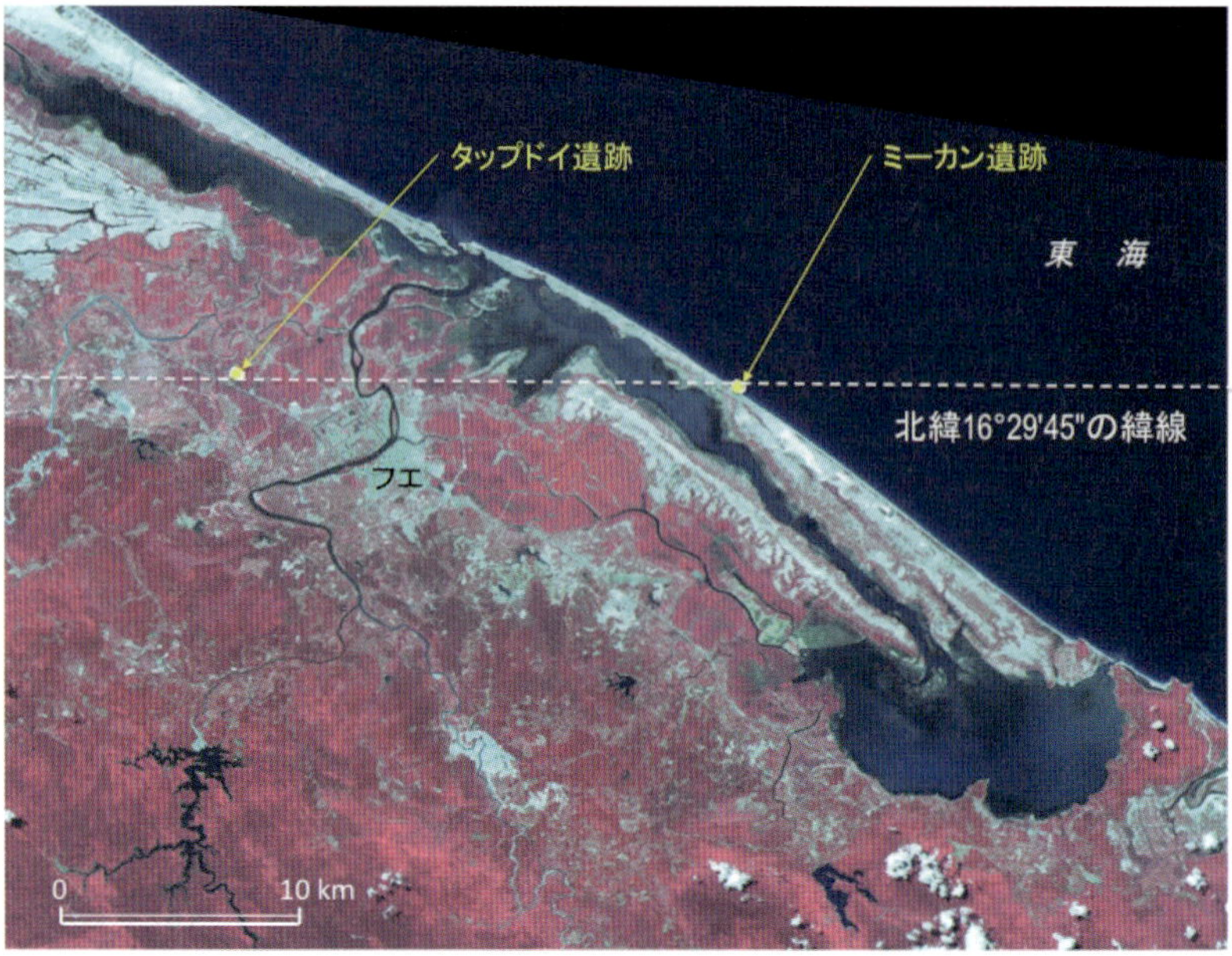

図11　ミーカン遺跡とタップドイ遺跡の位置関係
チャムタワーが築造された８世紀と現在の海岸線は、大きく異なっていた可能性がある（2009年６月30日撮影のALOS-AVNIR-2のフォールスカラー画像に加筆）。

れたとされている。それに対し現在のタップドイ遺跡は、フオン川とボー川の氾濫原の中の微高地上に位置しており、船が着くような海岸からはほど遠い（図11）。

ところで日本では、八世紀から一二世紀にかけて「平安海進」と呼ばれる海面の上昇、あるいは海岸線の内陸側への侵入が知られている。例えば、新潟平野の海岸砂丘列の中で、最も新しい海岸砂丘は一一〇〇年前以降（一〇世紀）に形成されたと言う報告もある[6]。そのような事実を考慮すると、フエの海岸平野に残されたミーカン遺跡やタップドイ遺跡、それぞれの塔が築かれた当時の平野の地形や海岸線は、現在とは大きく異なっていた可能性がある。

（5）上野誠（2012）『天平グレート・ジャーニー―遣唐使・平群広成の数奇な冒険』講談社　382p.
（6）鴨居幸彦・田中里志・安井賢（2006）越後平野における砂丘列の形成年代と発達史　第四紀研究　45（2）　67-80.

それらを明らかにするためには、ミーカン遺跡が埋没している海岸砂丘の構造や成り立ち、またタップドイ遺跡があるフオン川・ボー川の氾濫原の地形発達や、本地域における海水準変動など、自然地理学的な視点からの詳細な研究が必要かつ有効であろう。機会があれば、是非取り組んでみたいテーマである。

Fig.1-b Landsat image on 6 Nov. 2000 (after the flood)

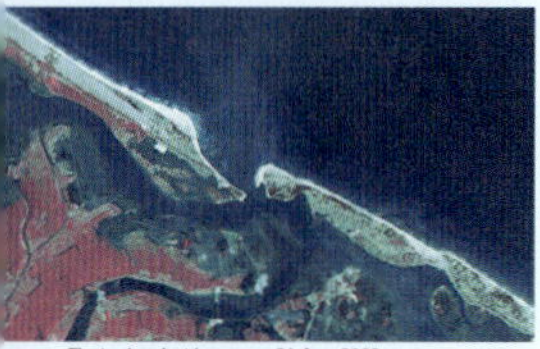

Fig.1-c Landsat image on 21 Apr. 2003

Vinh Hien Inlet and Loc Thuy Inlet

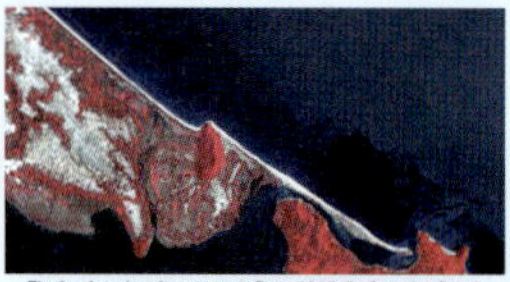

Fig.2-a Landsat image on 1 Sep. 1999 (before the flood)

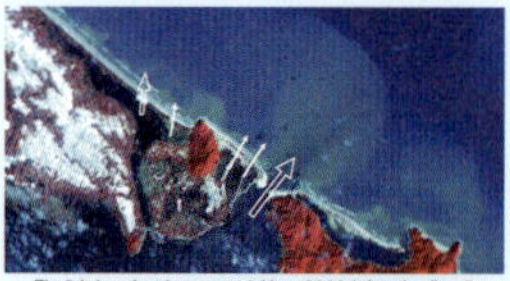

Fig.2-b Landsat image on 6 Nov. 2000 (after the flood)

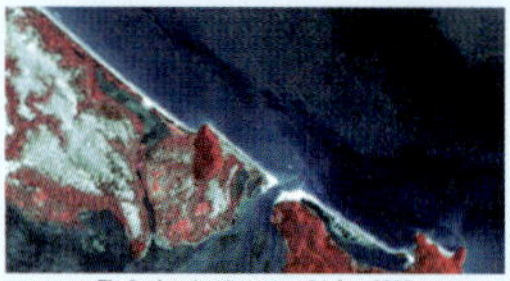

Fig.2-c Landsat image on 21 Apr. 2003

EXPLANATION OF THE MAP

Purpose of this Geomorphological Survey Map

The purpose of this Gemorphological Survey Map of Hue Lagoon Area is to assess the impacts of sea level rise on the coastal lowland and to mitigate the flood damage in the future. To assess the impacts of sea level rise, it is most important to clarify a natural and socioeconomic system of each littoral area. So the data on the natural system is arranged from both geomorphological and hydrological viewpoints. In the same way, the data on the socioeconomic system is analyzed in relation to the land use pattern and water use conditions. Then the impacts of sea level rise, such as coastal erosion, flooding, inundation and salinity change in ground water, are estimated as shown in the Explanatory Notes.

Physiography of the Hue Lagoon Area and the flood damage in 1999

Hue Lagoon area consists of five major lake basins, the Tam Giang lagoon, the Thanh Lam lagoon, the Ha Trung lagoon, the Thuy Tu lagoon and the Cau Hai lagoon. Total area of this lagoon system is about 250 ㎢ and the mean depth of the lagoons is only 1.5m to 2m deep. The lagoon surface is linked to the South China Sea through two inlets, namely the Thuan An inlet and the Vinh Hien inlet. Between the lagoons and the South China Sea, a narrow but long ridged plain is developed, about a few hundred meters to 4 ㎞ in width and about a few meters to 30m in height.

A big flood occurred in this lagoon area in November 1999. The maximum water level of the lagoon reached to 4m above the mean sea level. Many houses in the lacustrine lowland were deeply inundated for three or four days. And at least seven places of the outer ridged plain burst by the high floodwater, which caused severe coastal erosion after the flood (Fig. 1-b and Fig.2-b). In the back marsh behind the inner ridged plain, the ground level is so low about 0-0.5m in height that the floodwater depth was about 3.5-4.0m. The urban area of Hue City was also inundated about 1.5-2m in depth and some ten ㎝ of sand and mud were deposited after the flood.

The flood damage in 1999 showed various aspects depending on the topography and land use in the lowland. The Hue Lagoon Area can be classified into following six zones based on the geomorphological condition and some remarkable land use to assess the impacts of sea level rise.

Assessment of impacts of sea level rise and response strategies

Assessment of the impacts of sea level rise on this area can be done by identification of the development factors of each zone. And some response strategies are proposed.

(1) In the urban area of the Hue City the ground level is very low about 2-2.5m. If the sea level will rise about 1m higher, this area would be suffered from severe flooding more frequently. So some civil engineering works such as riverside embankment need to protect the city against both deep inundation and sedimentation of sand and mud by a flood.

(2) In the back marsh behind the inner ridged plain, the paddy field will be seriously damaged by long-term and deep inundation. Bad drainage and increasing salinity of the lagoon water will affect on the rice production seriously. So it is more adaptive way to switch from rice farming to aquaculture. Some regulation of the land use is also necessary.

(3) The inner ridged plain is higher than 4m and occupied mainly by the cemeteries. This area will not to be affected in any way by the sea level rise of 1m.

(4) In the lacustrine lowland along the Tam Giang - Thuy Tu lagoon, the whole area except the lacustrine terraces will be submerged by the sea level rise of 1m. So people should set up some refuge or shelter from a severe flooding.

(5) In the outer ridged plain coastal erosion will become increasingly severe. And a washout of the narrow beach ridge will happen frequently in the future. It is important to estimate the area where will be eroded potentially. And the regulation of the land use is required.

(6) In the southern lacustrine lowland of the Cau Hai lagoon, it is need to provide against not only the inundation by a flood but also the debris flow from the back slopes by a heavy rainfall.

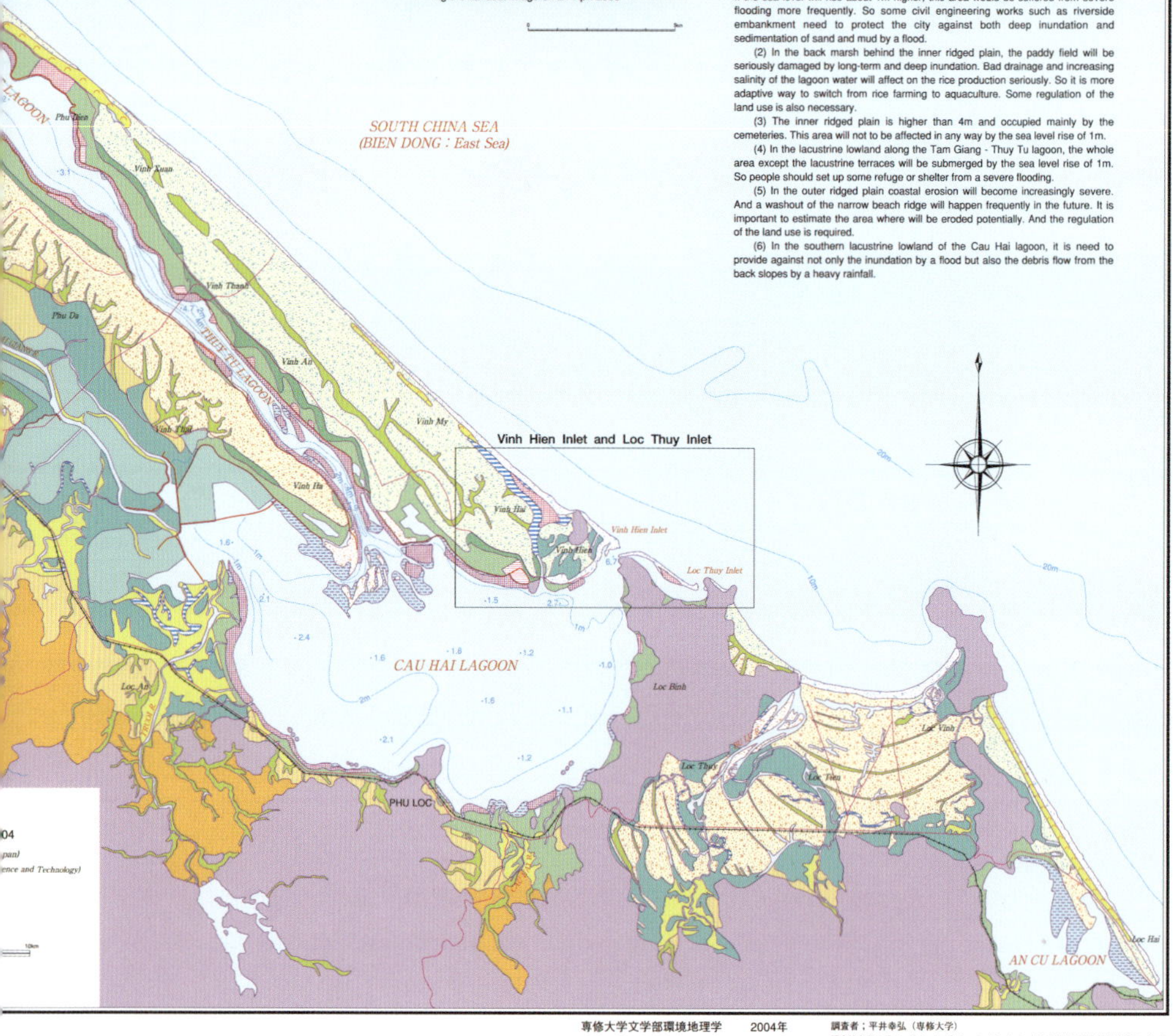

専修大学文学部環境地理学　2004年
調査者；平井幸弘（専修大学）
調査協力者；グエン ヴァン ラップ・ター チ キム オーン（ベトナム国立自然科学技術センター）
印刷　国土地図株式会社

影響評価地形分類図（平井ほか , 2004,　原版は A1 判）

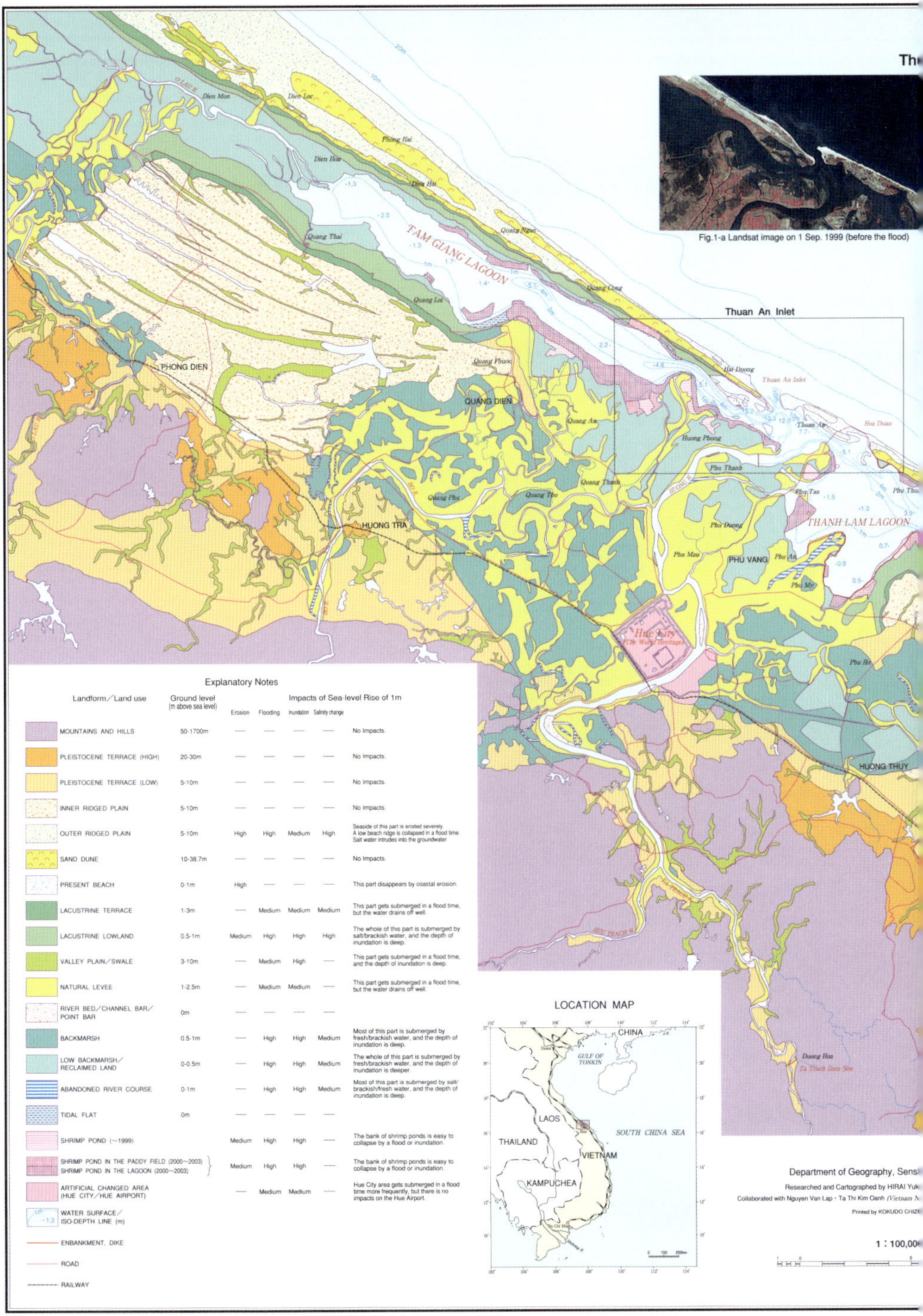

Explanatory Notes

Landform／Land use	Ground level (m above sea level)	Erosion	Flooding	Inundation	Salinity change	Impacts of Sea-level Rise of 1m
MOUNTAINS AND HILLS	50-1700m	—	—	—	—	No Impacts.
PLEISTOCENE TERRACE (HIGH)	20-30m	—	—	—	—	No Impacts.
PLEISTOCENE TERRACE (LOW)	5-10m	—	—	—	—	No Impacts.
INNER RIDGED PLAIN	5-10m	—	—	—	—	No Impacts.
OUTER RIDGED PLAIN	5-10m	High	High	Medium	High	Seaside of this part is eroded severely. A low beach ridge is collapsed in a flood time. Salt water intrudes into the groundwater
SAND DUNE	10-38.7m	—	—	—	—	No Impacts.
PRESENT BEACH	0-1m	High	—	—	—	This part disappears by coastal erosion.
LACUSTRINE TERRACE	1-3m	—	Medium	Medium	Medium	This part gets submerged in a flood time, but the water drains off well.
LACUSTRINE LOWLAND	0.5-1m	Medium	High	High	High	The whole of this part is submerged by salt/brackish water, and the depth of inundation is deep.
VALLEY PLAIN／SWALE	3-10m	—	Medium	High	—	This part gets submerged in a flood time, and the depth of inundation is deep.
NATURAL LEVEE	1-2.5m	—	Medium	Medium	—	This part gets submerged in a flood time, but the water drains off well.
RIVER BED／CHANNEL BAR／POINT BAR	0m	—	—	—	—	
BACKMARSH	0.5-1m	—	High	High	Medium	Most of this part is submerged by fresh/brackish water, and the depth of inundation is deep.
LOW BACKMARSH／RECLAIMED LAND	0-0.5m	—	High	High	Medium	The whole of this part is submerged by fresh/brackish water, and the depth of inundation is deeper.
ABANDONED RIVER COURSE	0-1m	—	High	High	Medium	Most of this part is submerged by salt/brackish/fresh water, and the depth of inundation is deep.
TIDAL FLAT	0m	—	—	—	—	
SHRIMP POND (~1999)		Medium	High	High	—	The bank of shrimp ponds is easy to collapse by a flood or inundation.
SHRIMP POND IN THE PADDY FIELD (2000~2003) / SHRIMP POND IN THE LAGOON (2000~2003)		Medium	High	High	—	The bank of shrimp ponds is easy to collapse by a flood or inundation.
ARTIFICIAL CHANGED AREA (HUE CITY／HUE AIRPORT)		—	Medium	Medium	—	Hue City area gets submerged in a flood time more frequently, but there is no impacts on the Hue Airport.
WATER SURFACE／ISO-DEPTH LINE (m)						

普及性があります」、「ランドサットのイメージがあるので、一層迫力と実感がわきます」と、暖かいお言葉をいただいた。ただし、「全体の色の配置はよくできていますが、湖岸段丘と湖岸低地の色は逆の方が良くはないでしょうか」など、数多くの国内外の水害地形分類図を作成された先生ならではの、細かい指摘もあった。今後、さらに先生に満足してもらえる地図を作成しようと決心したが、残念ながら先生は翌2005年3月、前年末に起こったインドネシア・スマトラ島沖の巨大地震・津波災害を気遣いながら亡くなられてしまった。

2005年2月、完成した地形分類図を持って、お世話になったフエの科学技術環境研究所を訪ねた。そこでは、各関連部署の研究者と一緒にセミナーが設定され、筆者は、この地形分類図の意義、得られた知見、今後の研究計画等について説明を行った。

セミナー終了後、完成した地形分類図を所長のナム氏に進呈したが、彼はすぐに所長室の立派な鍵のかかる書棚にしまい込んでしまった。帰り際、若い研究員が是非自分にも1枚、この地図を欲しいと申し出たが、「こういう場合、所長に渡したものだから、個人的にはあげてはいけない」と言うラップさんの助言により、残念ながら渡せずに終わってしまった。

その後、この地形分類図はpdf.ファイルにして、希望者には公開するようにしたが、フエの研究所においても、関心のある人に自由に利用してもらい、今後の災害対応のための基礎資料として活用してもらいたいものである。

地形分類図の凡例（一部）の拡大→

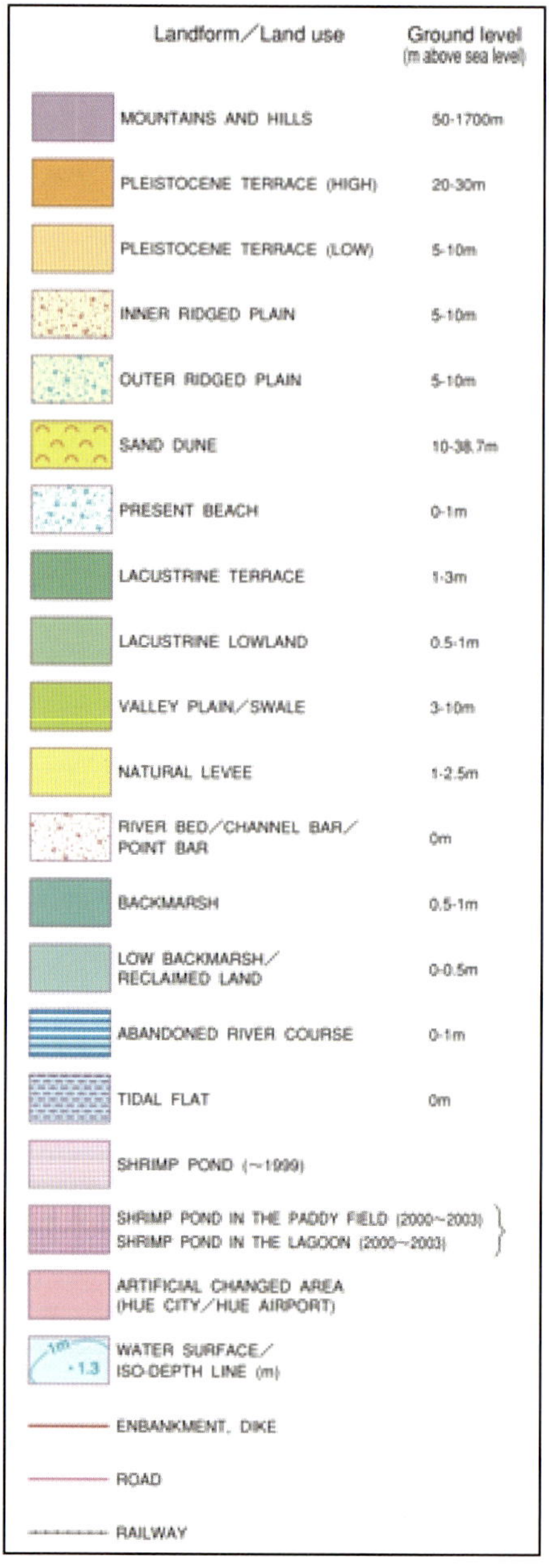

コラム　I

フエラグーン
海面上昇影響評価地形分類図

筆者が最初にフエのラグーンを訪れたのは、1999年のベトナム中部大洪水後の2000年3月であった。まず、トゥアティエン・フエ省の科学技術環境研究所に、ホーチミン市資源地理研究所のラップ博士、ター博士らとともに訪ね、フエのラグーン域において、今後の水害の防止・軽減、また将来の気候変動・海面上昇の影響予測と対応策について、研究したい旨を伝えた。

その後2001年から4年間、フエのラグーンを対象とした海面上昇の影響評価と対応策についての調査・研究を行うことになった。調査では、衛星写真から判読した平野の微地形を、現場で測量して地形を確認し、役場の担当者および住民から1999年大水害の被災状況を聞き取った。その結果、完成したのが63・62ページの「中部ベトナム・フエラグーン域における海面上昇影響評価地形分類図」である。

タムジャンラグーンでは、海側に浜堤と標高10m以上の海岸砂丘が発達し、内陸側にも標高5m以上の浜堤列が広がっている。フエ市街地を貫流するフオン川は、ラグーンに注いで広大な氾濫原を作っているが、そこには比高0.5～2mの自然堤防がよく発達している。

その自然堤防の発達状況から、かつてラグーンは現在よりもっと内陸側まで広がっており、その内湾をフオン川が次第に埋め立てていったことがわかる。第4章の最後で述べたように、8世紀中頃に築かれたと推定されるチャムタワーが海岸砂丘下で発見されたが、当時のこの地域の古地理を復元する際、この地形分類図は有力な手がかりとなる。

また、フエの旧王宮・王城が、フオン川左岸に広がる自然堤防をうまく利用して建設されたことも、この地形分類図からよく理解できる。それについては、第12章で詳しく述べる。一方、フオン川右岸に広がるフエ新市街地は、浜堤列背後の後背湿地にあたり、今後の洪水等には要注意であることも読み取れる。将来の海面上昇の影響も考慮すると、本地区での市街地開発は、フオン川からの洪水だけでなく、内水氾濫への対応も必要であろう。

ところでタムジャンラグーンの湖岸には、湖岸を縁取るようにエビの養殖池が連続して広がっている。これらの養殖池は、1999年の大洪水後に急速に広がった。最初は湖岸に粗放的な養殖池が作られたが、その後、ラグーン内の中州や湖岸の水田地帯に、集約的なエビ養殖池が多数作られ、さらに標高10m以上の砂丘上にも、集約的な大規模養殖施設が見られるようになった。この一連の変化や、現在のエビ養殖の現状と課題については、第II部で紹介する。

この地形分類図は、2004年9月に印刷して公表することができた。それまで、筆者が関わって作成したいくつかの地形分類図は、地図会社で専門の技術者が手作業で製図して原図を作成していたが、今回の地形分類図は、すべての工程をコンピュータの中でデジタル化して行われた。

その完成した地図を、まずは恩師である早稲田大学名誉教授（当時）の大矢雅彦先生にお送りしたところ、すぐに丁寧なお手紙をいただいた。「論文と異なり、誰もが自分なりに判読できるので、論文よりよほど

II　持続的エビ養殖に向けて

1990年代半ば以降、ラグーンの中州や湖岸の水田がエビ養殖池に転用され、2000年代に急拡大した。

5　フエのラグーンで何が起こっているのか

私たち日本人は、毎年平均して約七〇尾（大型の三〇グラムとして換算）のエビを食べているという(1)。この約九〇％以上が海外からの輸入品で、その冷凍および生鮮品の合計量は、バブル景気をはさむ一九八七年～九七年に年間二五万トンを越え、そのうち最大は一九九四年の三〇・五万トンであったが、最近十年間は二〇万トン前後と落ち着いている。

しかし、この間輸入相手国は、大きく入れ替わった。すなわち、一九九四年にはインドネシア、タイ、インド、ベトナムの順であったが、一九九七年～二〇〇〇年は、インド、インドネシア、ベトナムとなり、タイは四位に後退した。一方、ベトナムは二〇〇三年に二位に浮上し、二〇〇六年にはついに一位となった。その後、全体として各国からの輸入量が減少する中で、二〇一一年を除くこの十年間、ベトナムが首位である（図1）。なお、過去十二年間の中で、タイからの輸入量が大きく変動しているが特徴的である。これは、タイ国内での養殖エビの感染症拡大による、生産の減少などが関わっているが、ここではそれ以上は触れない。

これらの大量に輸入される養殖エビについて、これまでおもに、タイやインドネシアの事例が報告されている(2)～(5)。しかし右に述べたように、日本が輸入しているエビの、

---

(1) 村井吉敬（2007 ）『エビと日本人Ⅱ―暮らしのなかのグローバル化』岩波新書　210p.
(2) 村井吉敬（1988）『エビと日本人』岩波新書　222p.
(3) 出雲公三（2001）『バナナとエビと私たち』岩波ブックレット　126p.
(4) 多屋勝雄編（2003 ）『アジアのエビ養殖と貿易』成山堂書店　188p.
(5) 藤原岩夫ほか（2004）『改訂版　えび養殖読本』水産社　268p.

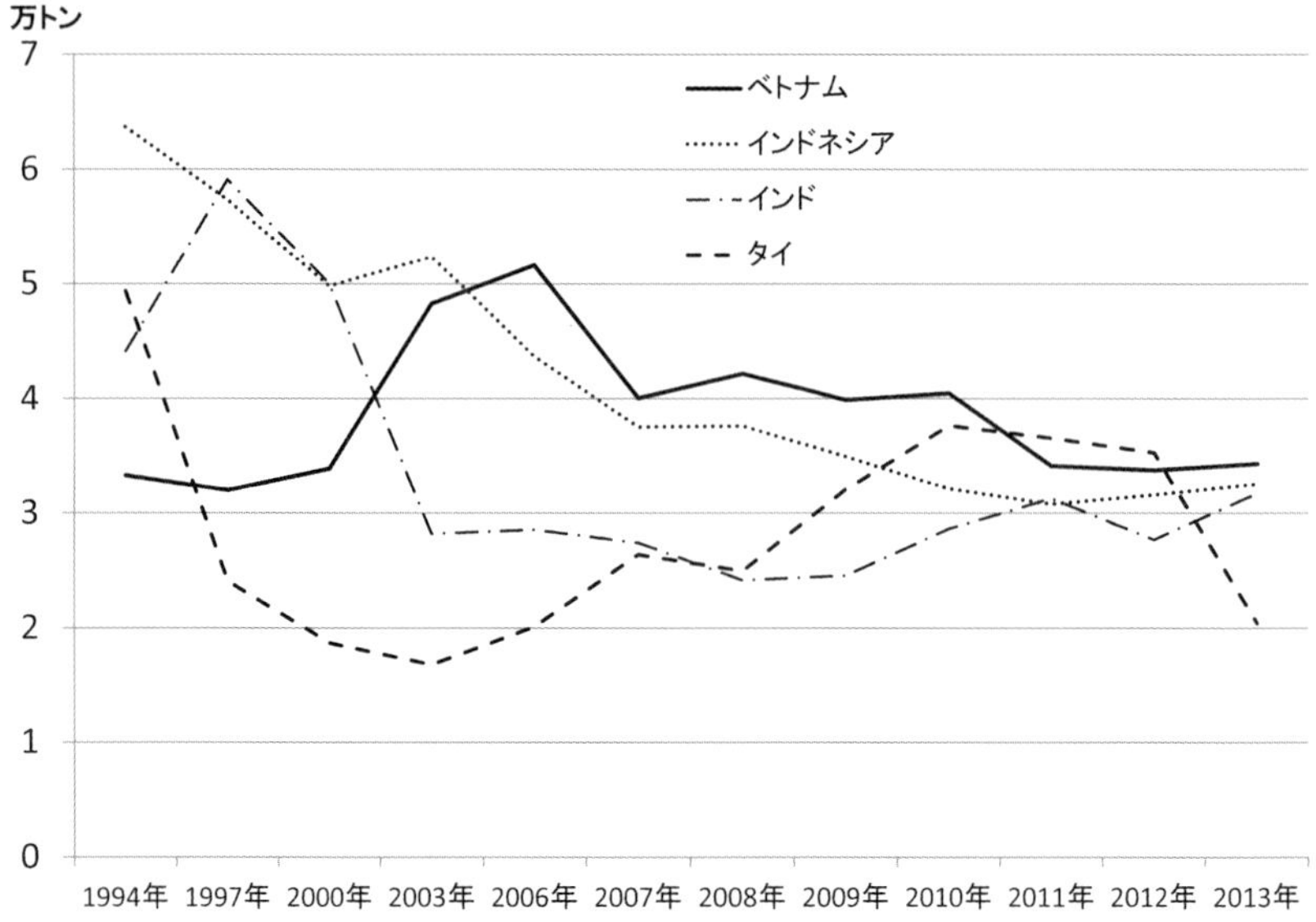

図１　日本の主要なエビ輸入国別の輸入量の変化
（財務省貿易統計より作成）

過去十年間で第一位を占めるベトナムからの現地報告は限られており、その実態はまだあまり知られていない。そこで本章ではまず、ベトナムにおける近年のエビ養殖の拡大過程について概観し、ついでトァティエン・フエ省のタムジャンラグーン地域で見られる、特徴的なエビ養殖の実態を紹介する。そして、急速に拡大しているエビ養殖にともなって、ラグーンおよびその周辺地域で、いったい何が起こっているのか見てみよう。

ベトナムにおけるエビ養殖の拡大

ベトナム全土での養殖エビの生産量は、一九九五年〜九九年は毎年約五万トン前後であったが、二〇〇〇年に九・四万トン、〇一年に一五・五万トンと急増した。その後は毎年一〇〜二〇%ずつ伸び、一一年には四七・九万トンとなり、一九九九年の生産量の実に八・四倍もの量となった(図2)。

図2で点線で示したものは、エビ養殖だけのデータが得られなかったため、ベトナム国内におけるすべての水産物の養殖水面面積の変化である。養殖水面全体の面積も、養

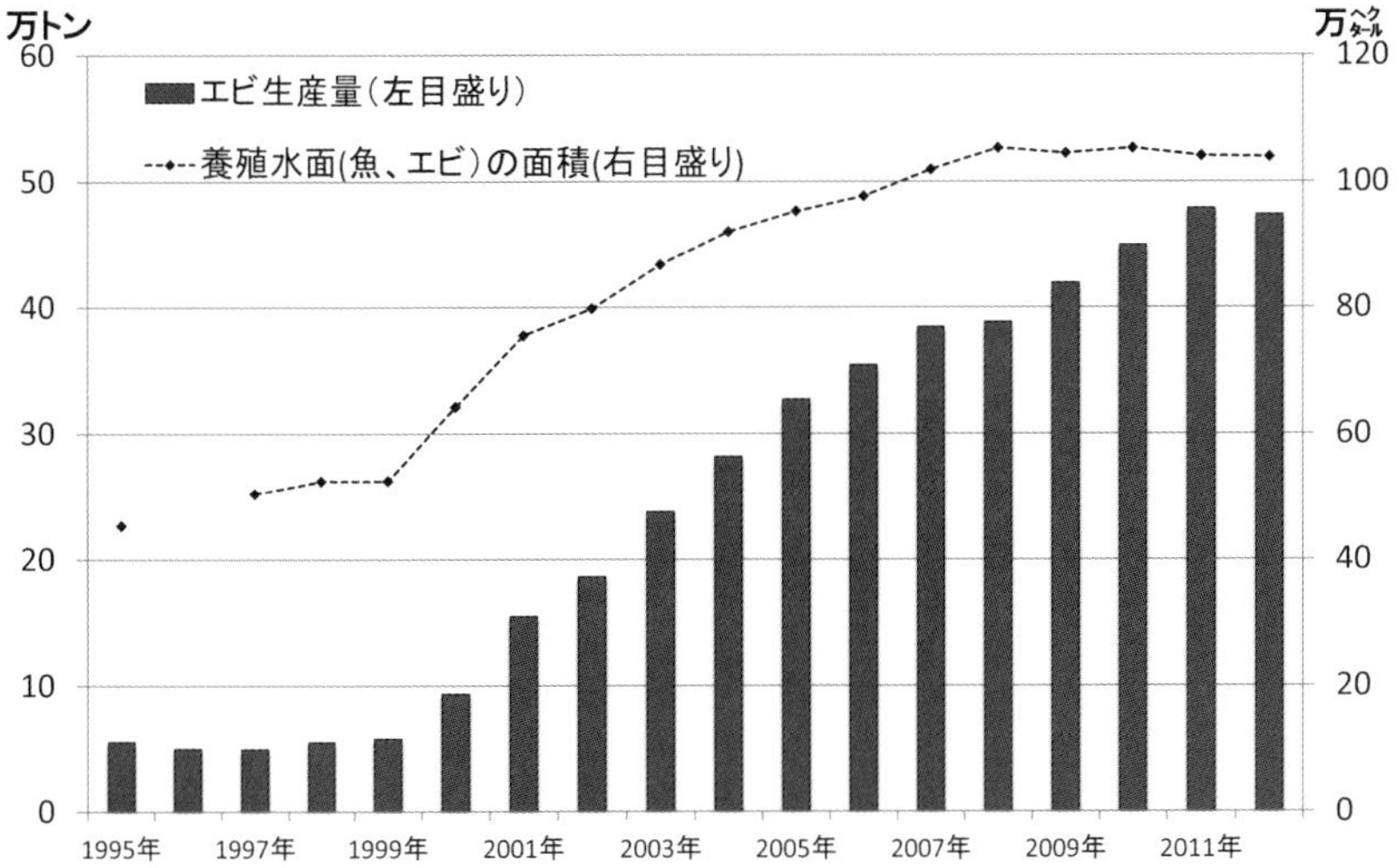

図2　ベトナム全土における養殖エビの生産量と養殖水面の変化
（ベトナム政府統計局のデータより作成）

図3　ベトナム全図および中部フエの位置

殖エビの生産量の急増と同時期に急速に増加していることから、近年の養殖水面の増加は、主にエビ養殖水面の拡大によるものと推測できる。なお、二〇〇四年のデータでは、全養殖水面面積九二万ヘクタールのうち、エビ養殖を行っている水面面積は約六割の五六万ヘクタールという報告がある。

ベトナムでのエビ養殖の中心は、よく知られているように南

図4　フエ市内ドンバー市場で売られていたブラックタイガー（2008年9月撮影）

図5　フエ市内ドンバー市場で売られていたバナメイ（2008年9月撮影）

部メコンデルタの、カマウ省、バックリュウ省、ソンチャック省などの沿岸部で（図3）、この三省だけで全生産量の五一％（二〇一二年）、メコンデルタ地域全体で同七五％を占める。このほか北部の紅河デルタの沿岸地域や、中部以南の海岸平野でもエビや魚の養殖が行われている。メコンデルタでは、農民に土地が分与された一九八〇年代以降、マングローブ林を切り開いて養殖を行ったのが始まりで、一九九〇年代以降は輸出指向型の養殖として急速に拡大してきた。そのため例えばカマウ省では、一九八三年〜九二年の十年間に、約六万ヘクタールのマングローブ林が消失したとされる(4)。

現在、世界で養殖生産されているエビの主な品種は、ブラックタイガー（図4）とバナメイ（図5）である。このうち前者は、一九九〇年代後半から最近まで、日本に輸入されるエビの主力であったが、近年は、病気に強く成長も早いバナメイという品種が急速に広まっている。二〇一二年の全世界での養殖量は四三三万トンであったが、そのうちバナメイが三一七万トンと、全体の七三%を占めるまでになった。

一般にエビ養殖の形態は、集約型、半集約型、粗放型の三タイプに大別される[5]。ベトナムでは、これらに加えもう一つ林・水産結合型と呼ばれるタイプがある。

集約型は、タイやインドネシアなどで広く見られるタイプで、人為的に水位・水質の管理を行う養殖池に、飼料に加えて抗生物質や栄養剤などを投入し、人工孵化した稚エビを高密度に飼うもので、多くの場合水中の酸素を補うために、多数の羽根車を並べたエアレーター（曝気装置）が見られる。これに対し粗放型とされるものは、自然の潮汐によって池の水が入れ替わり、自生する水草や底生生物などをエビの餌とするタイプで、草食性の魚と一緒に養殖される。

半集約型は、エビの収量を増やすために、ポンプを用いて取水・排水を行い、エビを単独で養殖するようになったタイプとされる[4]。そして結合型は、メコンデルタでのマングローブ林破壊の反省から、一九九〇年代以降広まったもので、一般的には樹林伐採を禁じ、養殖池内に既存のマングローブを残したタイプである。

ベトナムのエビ養殖の中心地である、メコンデルタでの養殖形態は多様であるが、その多くは小規模業者による粗放型、および結合型である[6]。ベトナム全体でも、養殖の担い手は基本的には小規模な自営業者で、集約型は主にベトナム中部・北部で行われている。しかし、ベトナムの水産業界と政府は、輸出される水産物の過半数を占めるエビの安定供給をめざし、今後集約型の養殖池を拡大していく方針であるという[4]。

---

(6) 室屋有宏（2006）日本のエビ輸入—最大の対日輸出国ベトナムの台頭とその背景—農林中金総合研究所「調査と情報」2006.5　11-16.

フエのラグーンでのエビ養殖の急増

ベトナム中部の海岸平野では、海岸線と並行する幅数キロの砂丘と、その内側にラグーンや入り江が連なるように発達している。その中でも、トゥアティエン・フエ省の海岸には、延長約七〇キロ、幅一キロ～最大で約十キロ、総面積二四八・七六平方キロ、ベトナム最大のタムジャンラグーンが広がっている。平均水深は一・五～二・〇メートルと浅く、中央のフオン川河口沖合いのトゥンアンと、東部のトゥヒエンの二つの湖口で外海とつながり、淡水と海水が混じる汽水湖となっている。

第1章で述べたように、タムジャンラグーンでは、一九九九年の大洪水によって海岸砂州の少なくとも四カ所が決壊し、その後決壊部分の北西側で激しい海岸侵食が進行した(7)(8)。ラグーンの湖岸および沿岸では、洪水以前にもエビやその他の魚の養殖が行われていたが、洪水後の二〇〇〇年～〇三年にかけてエビ養殖が急速に拡大した。

トゥアティエン・フエ省における養殖エビの生産量は、一九九五年が九九トン、九九年が三六五トン、二〇〇〇年が六四九トンであったが、〇一年には前年の二・六倍の一六九七トンに急増した。そして〇三年に三〇〇〇トンを越え、〇四年には、三四四三トンと、一九九九年の十倍弱に達し、〇九年には統計値がある一一年まで間での最大の四二六八トンに達した（図6）。しかし、このうち〇四年以降は、生産量の伸びは頭打ちで、〇五年、〇七年、そして一〇年には、前年より減少する事態も発生している。

(7) 平井幸弘・グエン ヴァン ラップ・ター ティ キム オアン（2001）1999年ベトナム中部洪水災害　地理　46（2）94-102.
(8) 平井幸弘・グエン ヴァン ラップ・ター ティ キム オアン（2004）ベトナム中部フエラグーン域における1999年洪水後の急激な環境変化　LAGUNA（汽水域研究）11　17-30.

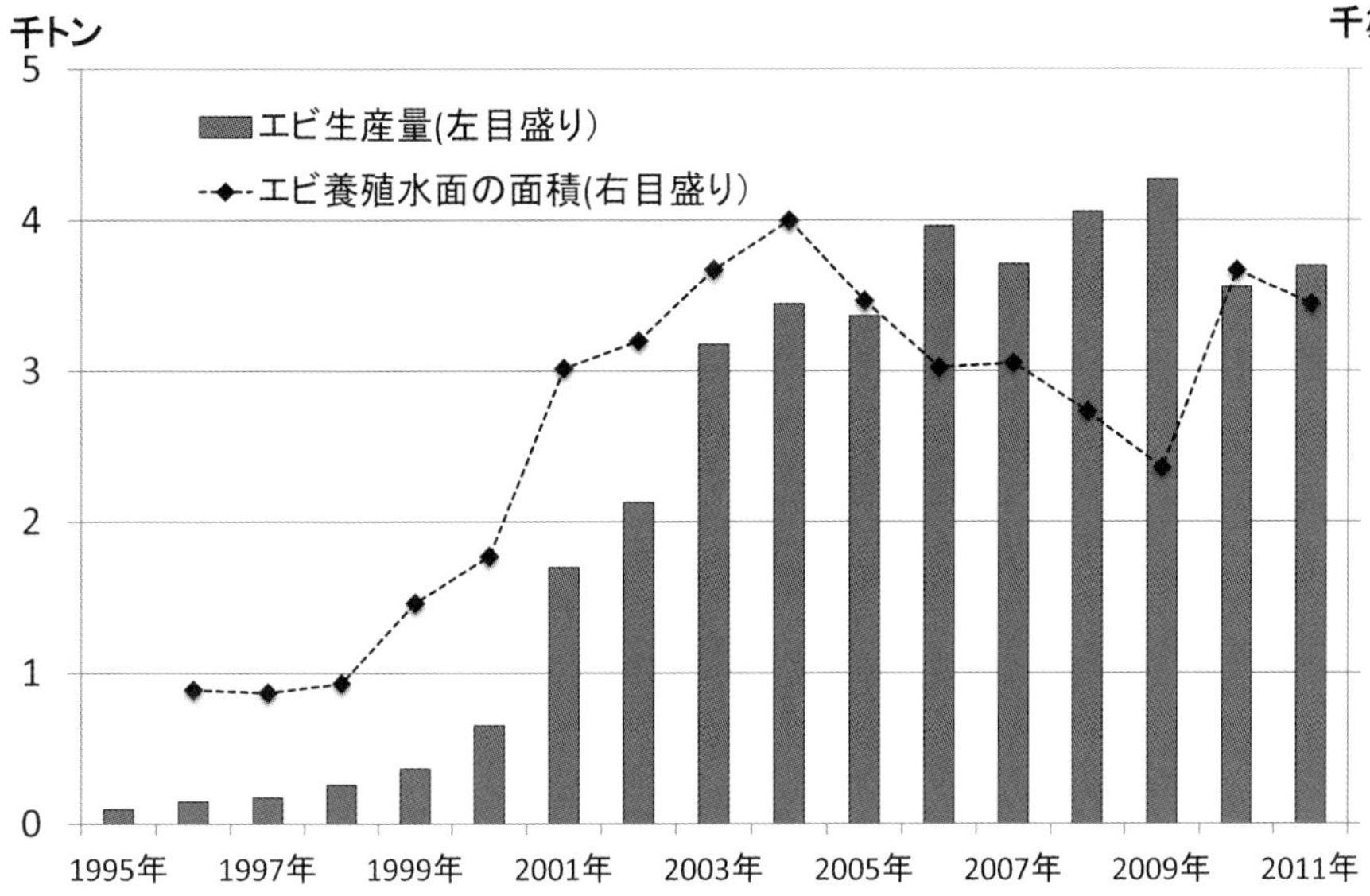

図6　フエ省における養殖エビの生産量とエビ養殖水面の変化
（ベトナム政府統計局のデータより作成）

一方エビの養殖水面の面積は、右に述べた生産量と同様に、二〇〇〇年代前半に急速に拡大し、〇四年には過去最大の三九九八㌶となった。しかし〇五年〜〇九年の間は、生産量は漸増しているにもかかわらず、養殖水面の面積は急減し、〇九年には二三六〇㌶と〇四年の約六割にまで減少している（図6の点線）。この間の事情については、次章で触れることにする。

このように、トゥアティエン・フエ省では、二〇〇〇年〜〇四年にかけてエビ養殖の生産量、水面面積ともに急速に拡大したが、それ以降は生産量が頭打ちとなり、養殖水面の面積も減少している。このようなエビ養殖の急増、停滞、減少という一連の変化は、なぜ起こったのだろうか。その原因を検討するためには、広いタムジャンラグーン地域の、どこでどのような養殖が行われてきたのかを知ることが、まず重要である。そこで以下では、一九九九年〜二〇〇七年に撮影された複数の衛星画像を利用し、二〇〇八年八月の現地調査にもとづいて、エビ養殖の急速な拡大の様子と、本地域における特徴的なエビの養殖形態について述べる。

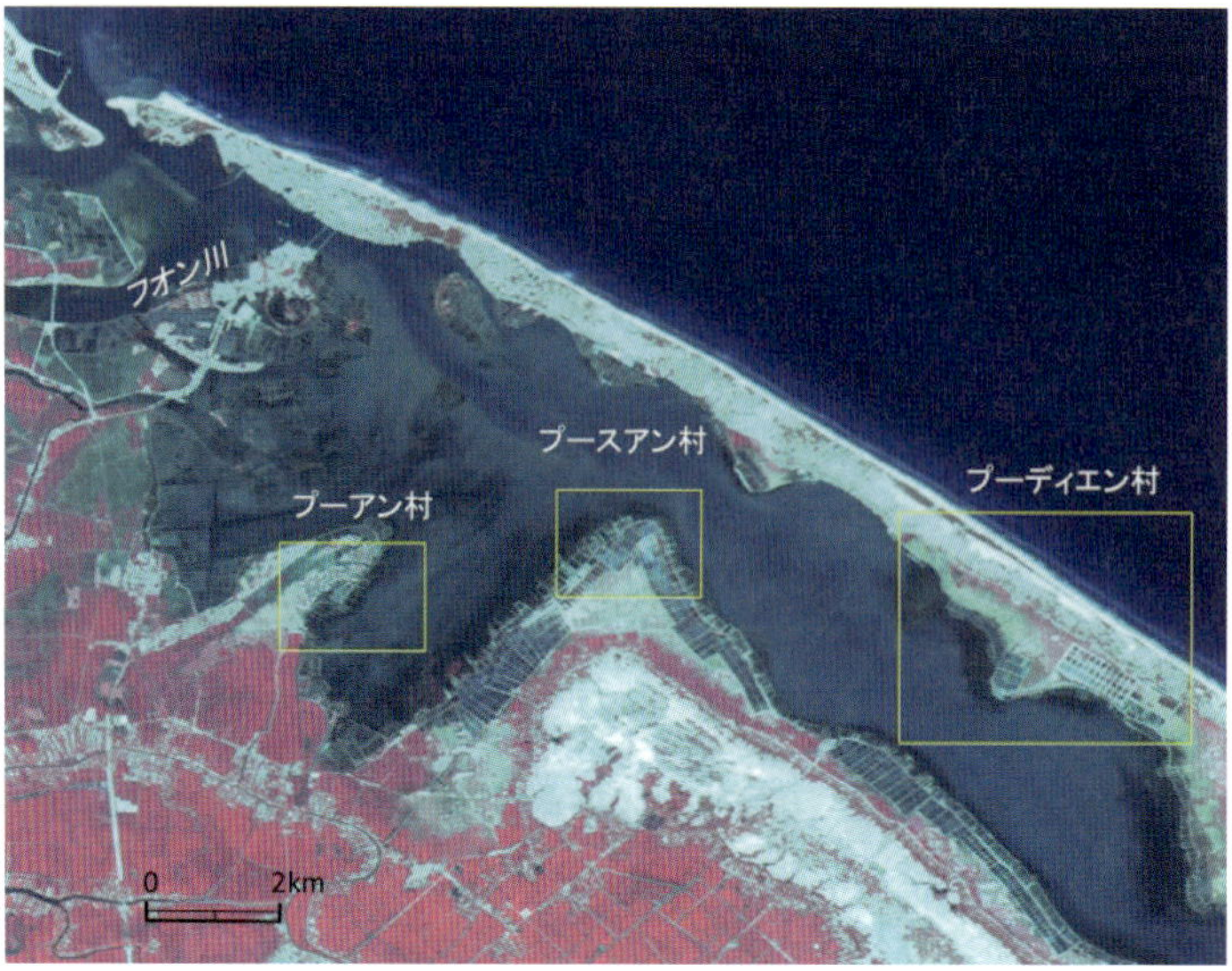

図7　タムジャンラグーン中央部付におけるエビ養殖
（2009 月 6 月 30 日撮影の ALOS-AVNIR-2 のフォールスカラー画像に加筆）
黄色の枠は、左からそれぞれ図 8，図 9，図 10 の範囲を示している

タムジャーンラグーンで特徴的なエビ養殖

以下、タムジャンラグーンの中で、とくにエビ養殖が盛んなフオン川河口東側のラグーン沿岸地域のうち、南岸のプーアン村、プースアン村、そして北東岸のプーディエン村の三地区を取り上げる(9)（図7）。

プーアン村での現在のエビ養殖面積三四二《ヘクタール》のうち、四分の三はラグーンの浅い水域での「網いけす養殖」で、残りが湖岸に設けられた養殖池によるものである。ここでは、一九七五年頃から広さ七～一〇《ヘクタール》の定置網（魚を導く垣網と漁獲する部分からなる）が、一六カ所設置され、エビやその他の魚を捕獲していた。しかしその後、相続にともなって各定置網は細分化され、一九九〇年頃にはその数が八四カ所にまで増加した。そして一九九九年の大洪水後、エビの値段が上昇し、

(9) 平井幸弘（2009）高解像度衛星画像を用いたラグーンの環境変化の把握 - ベトナム中部・フエのラグーン域におけるエビ養殖の拡大 -.　地域学研究 22　138-143.

それまで一方に開かれていた定置網の開口部も二〇〇一年以降は閉め切られ、そこに稚エビを投入して養殖する「網いけす養殖」へと変化した（図８）。

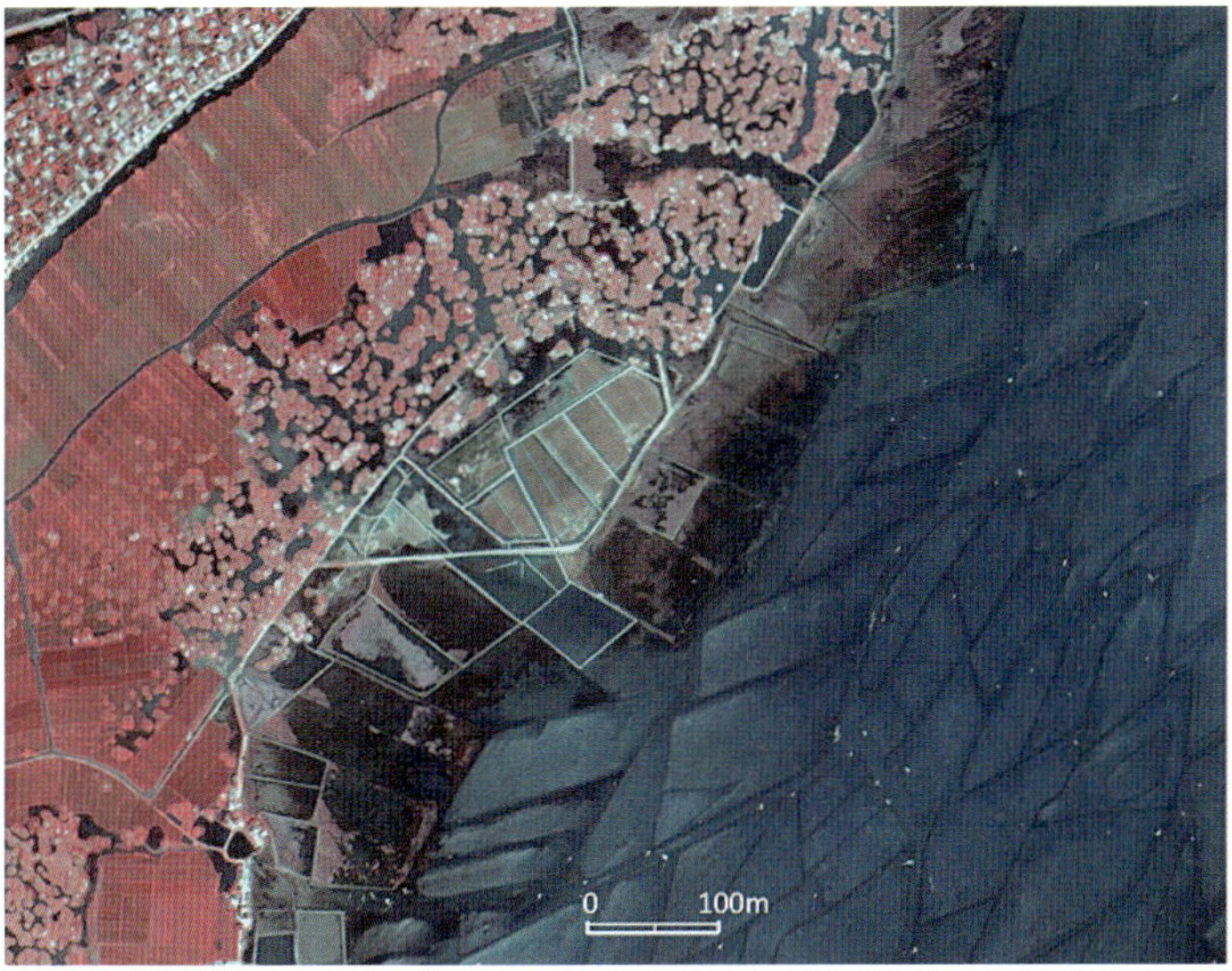

図８　プーアン村における「網いけす養殖」と湖岸の養殖池
（2002 年 4 月 16 日撮影の QuickBird 画像）

その後、そのような「網いけす養殖」は、ラグーンの水域全体を占めるほど高密度に行われるようになり、二〇〇八年には全体で二五三・五ヘクタールの水面で約二五〇世帯が経営しているとのことであった。しかし、このような高密度に設置された網いけすは、潮の流れを阻害し、水質悪化の一つの要因となる。そのため、地区の役所では「環境に優しい養殖」を目指して、網いけすの整理、水路の拡大、また場所によっていったん閉め切った網の再開口、そして個々の経営者に対する研修（給餌の量や時期などの指導）を行っている。二〇〇二年四月撮影のクイックバード画像では、個々の「網いけす」は連続し水路幅も狭いが、二〇〇八年八月の現地調査では、「網いけす」間の小水路と、それとは別にやや幅の広い水路が設けられ、水の流れが良くなっているのが確認できた。

一方湖岸の養殖池のうち、ラグーンに面した池では、三方が土手で囲まれ、ラグーン側の一方は網となっている。そのような池では、人工飼料や薬品は使わず、自然に生える藻や小魚を餌として利用し、粗放型のエビ養殖を行っている。しかし、このタイプの池は少数派で、その他の多くの池は、次に紹介する集約型・半集約型のタイプであり、それらの池では近年エビの病気が頻発しているという。

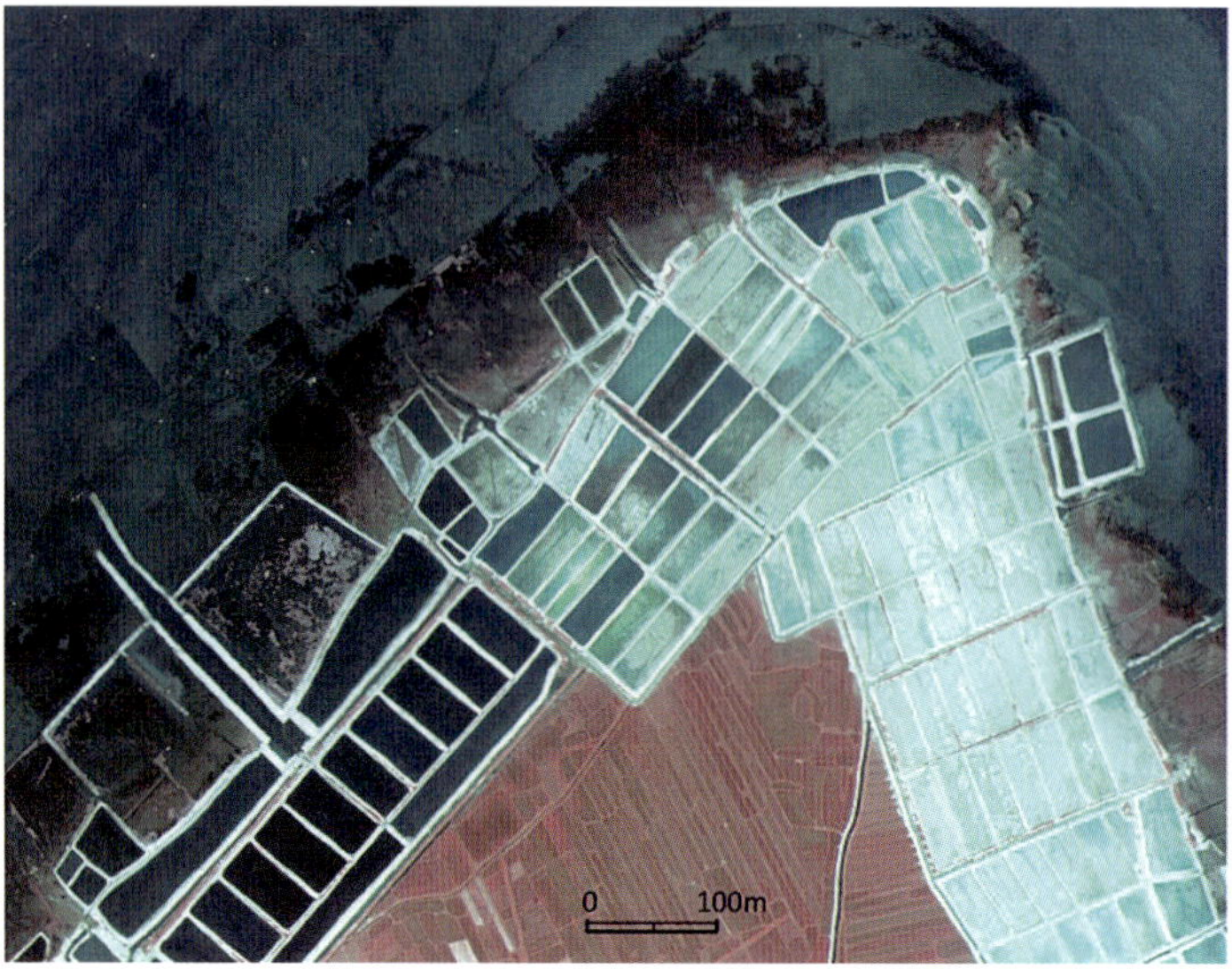

図９　プースアン村における集約型・半集約型のエビ養殖池
（2002 年 4 月 16 日撮影の QuickBird 画像）

プースアン村の湖岸低地では、一九九九年以前は湖岸堤防の内側（陸側）と外側（ラグーン側）に、いずれも幅約一〇〇メートル以下の小規模な養殖池が築かれていた。しかし、二〇〇二年のクイックバード画像では堤内地の一部の水田が、幅二五〇〜五〇〇メートルにわたって養殖池に転換されている（図９）。さらに二〇〇七年のＡＬＯＳ画像では、内陸側幅約五〇〇メートルの範囲が、連続する大規模な養殖池群に変貌しているのが確認できる。

これらの池は、右の衛星画像から、池の水を出し入れする水路と水門、また池の一部に羽根車が確認できることから、集約型・半集約型の養殖池であると推測される。

プーディエン村では、プーアン村のような、ラグーン水域での高密度の「網いけす養殖」は行われていない。湖面では、主に竹と網を使った定置網を仕掛け、天然のエビと魚が捕獲されている。定置網の範囲は、水産資源保護のため地区に含まれる水域の二五％に制限している。

一方、この地区の湖岸低地二カ所には、大規模なエビの養殖池と同跡地が見られる。このうち、養殖池として現在利用されている一カ所は、湖岸低地のもと水田一〇ヘクタールを養殖池として造成したもので、地元の郡が七〇％、公募に応じた住民が三〇％を出資して、二〇〇四年から養殖が始まった。ここでは、年一回の飼育・収穫で、二〇〇四年～〇六年は一人当たり年約二千万ＶＮＤ（約一〇万円）の収益があったが、二〇〇七年・〇八年は水質悪化とエビの病気、また餌と燃料代が高騰したため、収益が上がっていないとのことであった

図10　プーディエン地区における集約型の大規模なエビ養殖池
(2007年6月23日撮影のALOS AVNIR-2のフォールスカラー画像)

一方、現在利用されていない養殖池の跡地とは、もとは計画総面積一七二ヘクタールの大規模な集約型エビ養殖池であった（図10）。トゥアティエン・フエ省と地元の自治体がSong Huong Import Export Companyと言う会社を設立し、一〇〇％アメリカへの輸出のためのエビの養殖を試みた。湖岸低地にあったもとの水田を約一メートル掘り下げ、周りを高さ一・八～二メートルの堤防で囲んで、面積〇・五ヘクタール（幅六〇×長さ七五～一〇〇メートル）の池を多数造成し、そこにラグーンから水を取り入れて、乾季である一～四月および五～九月の年二回、飼育・収穫を目指したものであった。先に完成し

た一部の池で二〇〇二年から二年間だけ養殖が行われたが、いくつかの要因で事業に失敗し、その後池は放置された。二〇〇八年からその一部を水田に戻す作業が始まったが、一度養殖を行った池は、水田として再利用するには問題があるため、現在でも六六ヘクタールの土地がそのまま、何にも利用されずに残っている。

粗放的養殖から集約型養殖へ

以上記したように、本地域で行われているエビ養殖の形態には、異なる三つのタイプが認められる。その一つは、浅いラグーンで天然のエビや魚を捕獲する、定置網から発展したものである。周囲を網で囲まれた区画の中に稚エビを投入し、二〜三カ月で収穫する粗放的な「網いけす養殖」（ベトナム語でノサオウ）である。このタイプの養殖では、天然に発生する藻を主な餌とし、集約型のように飼料や薬品の投入は行わない。二つめは、湖岸に立地し、その一方がラグーンと網で区切られた池で行われる、粗放型の養殖である。このタイプの池では、水質の人為的管理や給餌は行われていない。しかし、このような養殖が可能なのは、湖岸に面した土地に限られるため、実数は多くない。なおこれらの二つの粗放的な養殖は、ラグーンの水の塩分濃度が下がる雨季（一〇月〜一二月）にはエビの飼育ができないので、年一回しか収穫できない。

これらに対し三つめは、湖岸の湿地または水田地帯に新たに養殖池を造成したものである。そこに大量の稚エビを投入し、飼料のほか除草剤、抗生物質、栄養剤などの化学薬品を投与して、エビを飼育する集約型養殖である。このタイプの養殖では、小区画の養殖池に高密度でエビを飼い、年に二〜三回の収穫を行う。しかし本地域では、養殖開始から三〜四年目以降、次第に水質が悪化し、エビの病気の発生などによって、当初の狙い通りには生産性が上がらなくなっている。また、もとの水田地帯に造成された養殖池周辺では、地下水が塩水化し、隣接する水田での稲作の収量が落ちたとの住民の声も聴かれた。

ラグーンでの様々な環境問題

かつてラグーンの大部分の水面は、湖に面する各地域社会の共通空間・共通財産として、それぞれの慣習にもとづいて、持続的に利用されてきた。しかしここに述べたように、二〇〇〇年前後以降、タムジャンラグーンでは、個人による水域の占有的な利用形態である「網いけす養殖」が急増し、湖岸低地ではもとの水田地帯に多数の養殖池が造成され、集約型のエビ養殖が急速に拡大してきた。

このようなラグーンの水域や湖岸での、土地利用の急激な変化にともなって、次のような種々の問題が発生している。一つは、湖岸の養殖池からの排水、および水域での潮流の阻害等によるラグーンの水質悪化である。そのような水質悪化によって、すでにエビ養殖の生産性は低下している。また湖岸でも、養殖池に隣接する水田の地下水の塩水化が、問題になっている。

一方、湖岸低地での盛り土をともなう養殖池や道路の建設、流通のための新たなラグーンを横断する橋の建設などは、洪水時の遊水機能の低下や、ラグーンでの洪水流の堰上げを招き、周辺住宅地での浸水被害を大きくしている可能性がある。さらに、ラグーンでのオープンアクセス可能な空間の減少によって、かつてタムジャンラグーンで漁と水上生活をしていたサンパン人と呼ばれる人々の、貧困問題なども指摘されている(10)。

一方、政府や地方自治体は、ドイモイ政策のもと、養殖エビの生産・流通・輸出をさらに発展さ

(10) Nguyen Huu NGU and KIM Doo-Chul (2009) Rural poverty and livelihood changes under the aquacultural development around Tam Giang Lagoon, Central Vietnam. Geographical Review of Japan Series B 81 (1), 79-94.

せようとしている。トゥアティエン・フエ省においても、例えばフオン川上流のターチャックダムの建設や、フエとその南の中部最大都市ダナンとを結ぶハイヴァントンネルの建設など、各種のインフラ整備が進められている。

しかし本地域では、ラグーンの水域や湖岸低地における養殖可能な空間は、ほぼ利用し尽くされている。そのため近年ラグーンと外海とを隔てている砂丘上にまで、大規模な集約型の養殖池が造成されているのが、最新の衛星画像で確認できる。

本章では、おもに二〇〇八年の現地調査をもとに、タムジャンラグーンの中央部付近の三つの地区での、一九九九年の大洪水から七~八年間におけるエビ養殖の急速な進展と、それにともなういくつかの環境問題について指摘した。

次章では、その後のタムジャンラグーン地域でのエビ養殖の展開について、新しく入手したALOSおよびクイックバード画像を利用し、二〇一〇年の現地調査をもとに述べたい。

6　タムジャンラグーンでのエビ養殖の拡大と環境問題

第5章で述べた、タムジャンラグーンにおける近年のエビ養殖の急速な拡大や環境問題に対し、トゥアティエン・フエ省では二〇〇五年八月からイタリアおよびベトナム政府の基金によるＦＡＯ（国連食糧農業機構）の信託資金事業としてＩＭＯＬＡ（Integrated Management of Lagoon Activities: ラグーンでの諸活動の総合的管理）プロジェクトが開始された(1)。これは、タムジャンラグーンにおける自然資源の健全かつ持続的な管理および利用を通して、地域の漁民の生業を増進させるための支援事業で、二〇〇五年から三年間フェイズⅠが実施され、その後フェイズⅡとして二〇〇八年から一一年まで各種の調査や活動が精力的に行われた。その中でエビ養殖に関しては、主としてタムジャンラグーン中央付近の一〇地区を対象とし、二〇〇六年～〇七年に詳細な調査が実施され、その実態報告や新しい資源管理のあり方の提言などがなされている(2)(3)。これらの一連のＩＭＯＬＡ関連の調査・報告とは別に、タムジャンラグーン中央付近では、養殖の開始とともに漁場の底質環境が悪化し、養殖種における病気の発生頻度が上昇していることなどが報告されている(4)。

(1) FAO（Integrated management of lagoon activities（IMOLA）project in Thua Thien Hue province: http://www.fao.org/vietnam/programmes-and-projects/success-stories/imola/en/ 2014.11.03）

(2) Aquatic Resources Protection Sub Department（2007）: Survey/Inventory the Fisheries and aquaculture activities（with the support of GIS）. 46p. in IMOLA>e-libraly >Reports（http://www.imolahue.org/reports.html 2012. 03. 17）

(3) Mien Le Van（2006）: Activities in Thua Thien Hue Lagoon. People's Committee of Thua Thien Hue Province, 47p. in IMOLA>e-libraly >Reports（http://www.imolahue.org/reports.html 2012. 03. 17）

(4) 岡本侑樹・田中樹・水野啓・NGUYEN Phi Nam（2009）：ベトナム中部 Sam-An Truyen ラグーンにおける季節的な底質環境変化と漁業資源管理　システム農学 25（1）　71-78.

図1　タムジャン・ラグーン東部（カウハイラグーン）北岸におけるエビ養殖
（2009年6月30日撮影のALOS AVNIR-2のフォルスカラー画像に加筆）

一方、最新の各種の衛星画像でラグーン全域を概観すると、エビの養殖施設・養殖池は、右で紹介したような組織的な調査が行われたタムジャンラグーン中央付近のみならず、ラグーン全域の湖岸低地やラグーンの中の砂州上、さらには標高十〜二〇メートルの海岸砂丘上にも、急速に広がっていることを確認できる。そのような、従来とは異なる地形条件の場所へのエビ養殖の急速な拡大は、第5章で述べたように、湖水の水質汚染のみならず、ラグーンおよび湖岸の地域社会に対して、様々な物理的および社会経済的な影響を及ぼすことが懸念される。

そこで以下ではまず最初に、二〇〇〇年〜一〇年の十年間にどのようなタイプのエビ養殖が、どのような地形条件の場に、いかに展開してきたのか、最新の高解像度衛星画像を利用して確認してみたい。調査対象とした地域は、タムジャンラグーンの中央から東側の水路状のラグーンに面する、ヴィンフン村、ヴィンハイ村、そして海側の海岸砂丘地帯を含むヴィンアン村の三地区である（図1）。

ラグーン全域に広がる様々なタイプのエビ養殖

最新の衛星画像の解析と、右の三つの地区における現地調査の結果、タムジャンラグーンの湖岸・沿岸および海岸地帯で現在行われているエビ養殖は、養殖池や施設および経営形態のそれぞれの特徴から、以下の六つのタイプに分類することができる（図２）。

a.網いけす養殖は、もともと本地域で行われていた定置網の一形態であるエリ漁（図３）から進化したものである。エリ漁の漁場を、竹と網で囲い込んだもので、「囲い込み網」とも呼ばれ、ラグーンの水深〇・五〜一・五メートルほどの浅場に設置され、平面形態は三〜五角形の不定形で、面積は約一ヘクタール前後のものが多い（図４）。

エリ漁では、天然のエビやカニその他の魚を一緒に捕獲していた。しかし、一九九九年の大洪水後にエビの値段が上昇し、それまで一方に開かれていた定置網の開口部が締めきられ、そこに稚エビを投入して育てる「養殖」へと変化した(5)。稚エビの投入は年二回で、投入後三ケ月以降適宜出荷し、年間の収量は、一ヘクタール当たり約二〇〇キロとのことであった。

b.アースポンド型は、水深〇・五メートル前後の浅いラグーン内に、竹と泥で方形に土手を造って、その中で行われる養殖形態である(4)（図５）。一つの池の大きさは、五〇メートル×六〇メートルほどの小さいものから、一〇〇メートル×二〇〇メートルほどの大きいものまである。

c.湖岸型は、一辺がラグーンの湖岸に接し、そこから湖岸と直角に、竹と泥で造った並行する二本の堤防を沖合いに延ばし、長方形とした養殖池で行われるものである。沖側の一辺は竹と網で仕切ら

(5) 平井幸弘（2009）ベトナムのラグーンで何が起こっているのか？ 地理 54（8）95-105.

	養殖施設の特徴			経営形態の特徴		
エビ養殖の類型 **平面形態**	**代表的景観** **（クイックバード画像，画像の一辺は 300m）**	**立地位置** **池底の水深または標高** **1 つの池の大きさ** **池・施設の構造**	**用水・排水**	**養殖エビの種類** **養殖密度**	**収穫回数** **（回/年）** **収量（kg/ha 年）**	**1 戸当たりの平均経営面積**
a. 網いけす養殖 三～五角形（不定形）	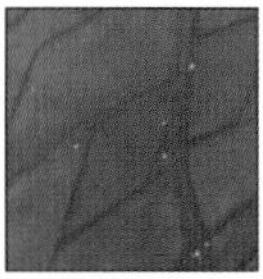	ラグーン内 水深 0.5～1.5m 面積は約 1ha 周囲を竹+網で囲む	常に湖水と交換	ブラックタイガー（カニ，魚も混殖） （養殖密度不明）	年 2 回稚エビ投入後，適宜収穫 約 200 kg	約 1ha
b. アースポンド 四角形（面積は不定）		ラグーン内 水深 0.5m前後 50×60m，100×200m 周囲に竹+泥の堤防	湖水を引水 無処理で湖に排出	ブラックタイガー （養殖密度不明）	（不明）	0.5～1.5ha
c. 湖岸型 長方形 （ほぼ同一）	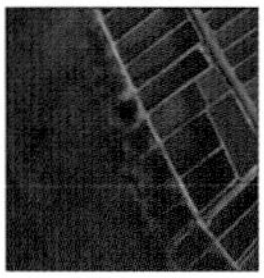	ラグーン湖岸 水深 0.5m前後 50×50m，40×70mなど 沖側は竹+網→沖側も竹+泥の堤防	常に湖水と交換 湖水を引水 無処理で湖に排出	ブラックタイガー（カニ，魚も混殖） （養殖密度不明）	年 3 回稚エビ投入後，適宜収穫 約 400 kg	約 1ha
d. 砂州型 長方形、台形 （不定）	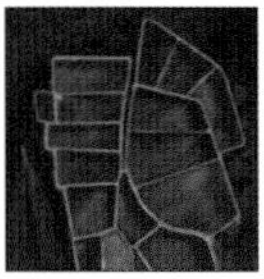	砂州上 水深 0.5～1m 30×30m，70×100mなど 周囲に竹+泥、一部石積みの堤防	湖水を引水または揚水 無処理で湖に排出	ブラックタイガー （一部でカニ） 3～4 匹/㎡	2 回→2009 年以降 1 回 400 kg （1 回）	3ha ほか
e. 水田型 短冊状の長方形		湖岸低地（もと水田） 標高-0.5～+0.5m 20×100m，20×120m 深さ 1mほど堀込み、周囲に泥の堤防	湖水を揚水 無処理で湖に排出	ブラックタイガー （一部でカニ） 10～12 匹/㎡	2 回→2009 年以降 1 回 700 ～ 2000 kg （1 回）	0.4～1.0ha
f. 砂丘型 同一の大きさの方形		海岸砂丘上、標高約 10m 50×60m，60×70mなど 整地後 1.5～2m堀込み、周囲に砂の堤防、全体に遮水シートを敷設	海水・地下水を揚水 排水処理後、海に排出	バナメイ 100～170 匹/㎡	2 回または 3 回 13,000 ～ 20,000 kg /ha 年	7ha，10ha，10ha

図２　エビ養殖類型別の養殖施設および経営上の特徴

れ、常に湖水との交換が行われているタイプと、沖側も泥の堤防で締め切られたタイプがある。このタイプの養殖が可能なのは、湖岸に接した水深〇・五メートルほどの場所に限られるため、実数は多くない。ただしその一部には、既存の湖岸型養殖池のさらに沖側に堤防を延ばし、池が二列になっている箇所も認められる（図6）。

このタイプの池では、稚エビの投入は年三回で、投入後二ヶ月以降適宜出荷し、年間の収量は一ヘクタール当たり約四〇〇キロで、最初に述べた網いけす養殖の約二倍の生産量となる。

なお、網いけす型と湖岸型の前者のタイプでは、ラグーンの水と養殖池の水が常に交換しており、いずれ

図3　タムジャンラグーン東部のトゥヒエン湖口付近で行われているエリ漁（2010年3月撮影）

図4　網いけす養殖（プーアン村、2010年8月撮影）

図5　アースポンド（プーアン村、2010年8月撮影）

も天然に発生する藻を主な餌としている。そのため、以下の水田型および砂丘型と異なり、人工的な給餌や水質の人為的管理、また病気に対する薬品の投入は行われていない。

d.砂州型は、ラグーン内の浅瀬である細長くて狭い砂州上に、地面を〇・五〜一メートルほど掘込み、周囲を竹と泥または一部石積みの堤防で囲んだ、長方形または台形状の池で行われるタイプである（図7）。このタイプの池では、ラグーンの水をそのまま、一部では揚水して利用している。

現地調査を行ったヴィンフン村にある長さ一・二キロ、幅約二〇〇メートルの砂州では、現在全部で六〇戸ほどが養殖に携わっていると言う。しかしもともとこの砂州は何にも利用されておらず、一九九四年に村役場の勧めと許可によって、最初のエビ養殖が始まった。

しかし二〇〇二年以降は、新規の池の造成は許可されていない。二〇〇四年頃までのエビの収量は良く、一回目が一ヘクタール当たり五〇〇キロ、二回目が一ヘクタール当たり四〇〇キロほどであった。しかしその後、エビの病気の発生により収量はほとんど無く、二〇〇九年からは村役場の指導もあって年一回の出荷となり、現在の収量は年間一ヘクタール当たり約四〇〇キロである。なお、養殖される品種はブラックタイガーで、養殖密度は一平方メートル当たり三〜四匹とのことであった。

e.水田型は、湖岸低地のもと水田だったところを養殖池に転用したもので、池は地面を約一メートル掘り下げ、多くの場合短冊状の堤防で区切られている（図8）。湖岸に近いところの池底は、ラグーンの水面より〇・五メートルほど低いが、内陸側の池底はラグーンの水面よりも若干高い。

一九九九年一一月の大洪水直前の九月一日撮影されたランドサット画像と、最新の二〇〇九年六月三日に撮影されたALOS画像を比較すると、この約十年間に、ラグーン湖岸で、エビの養殖が急速に拡大していることが特徴的である。そのうちとくに、水田型養殖の拡大は著しく、湖岸線に沿う幅約一〇〇メートル〜最大二三〇メートル、標高〇・五～一メートルの湖岸低地いっぱいに、水田型養殖が連続して広がっている（図9）。

調査対象地域中央のヴィンフン村では、二〇一〇年三月現在、水田型および砂州型のエビ養殖池の総面積は四五〇ヘクタールで、養殖経営体総数は約一〇〇〇戸である。ここでは一九九〇年にエビ養殖が始まった。当初の養殖池の面積は五ヘクタールであったが、九五年に一五〇ヘクタール、二〇〇〇年に二八〇ヘクタール、そして二〇〇五年に四五〇ヘクタールと急拡大した。しかし、その後は郡役所からの開発許可が下りず、養殖池の面積は増加していない。

その理由の一つは、右のような急速な養殖の拡大に伴って、養殖池での藻の繁茂、底泥の堆積、養殖池からの排水などにより、ラグーンの水質が悪化したことである。これに対し郡役所は二〇〇七年に、それまで

図6　湖岸型養殖（プーアン村、2010年8月撮影）

図7　砂州型養殖（ヴィンフン村、2010年3月撮影）

図8　水田型養殖（ヴィンフン村、2010年3月撮影）

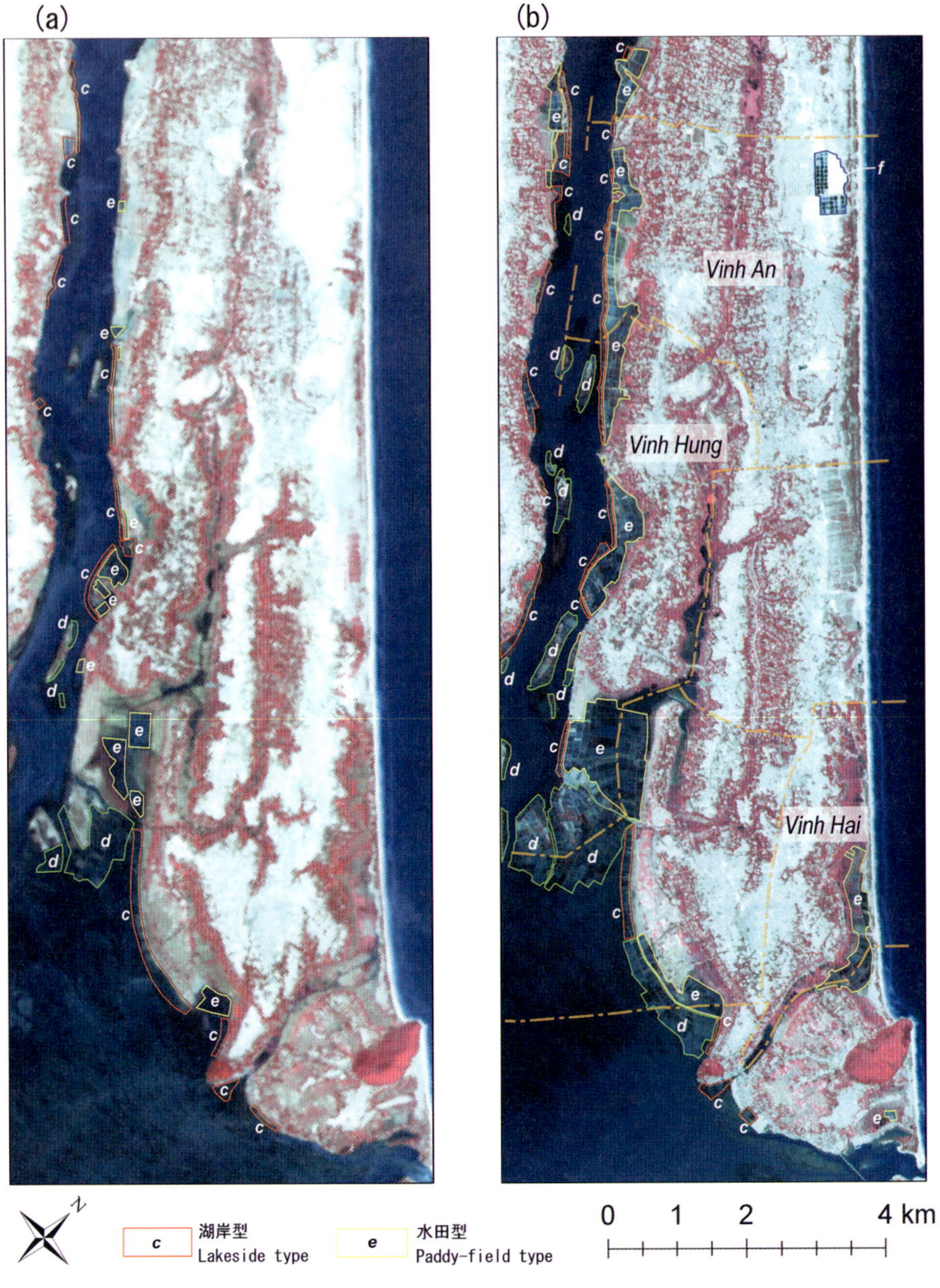

図9　各類型別のエビ養殖の分布とその拡大

背景の衛星画像は，(a)1999年9月1日撮影のLandsat ETMフォルスカラー画像，(b)2009年6月30日撮影のALOS AVNIR-2フォルスカラー画像．色は黒～濃紺が水域（エビ池含む），赤が植生，白が砂丘地，淡青が集落，墓地および砂丘上の植林地年二回養殖・出荷していたのを、年一回とするように指導した。聞き取りした範囲では、実際は二〇〇九年から養殖を年に一回としたところが多く、一部にはまだ年二回養殖している池もあるという。このタイプでのエビの収量は、年間一ヘクタール当たり七〇〇〜二〇〇〇キロとのことであった。

f.砂丘型は、近年新しく出現したタイプで、ラグーンと東海との間に連なる、標高一〇メートル前後の海岸砂丘の頂部を平坦に整地し、そこを深さ一・五〜二メートル掘り込んで、周囲に砂の堤防を築き、全体に遮水シートを敷いて養殖を行うタイプである（図10）。一つの養殖池の大きさは、およそ五〇メートル×六〇メートル、あるいは六〇メートル×七〇メートルである。養殖のための用水は、海岸の砂浜の地下約八メートルの地点から取水した海水（塩水）と、砂丘の地下一〇〜一五メートルから汲み上げた地下水（淡水）を、三：一の割合で混合し、塩分濃度一五〜二〇‰にして利用している。一方、養殖後の排水は、各養殖池の中央から地下に設置された排水溝に集めて、海岸近くに設けられた処理池を経て海に排出されると言う。

図10　砂丘型養殖（ヴィンアン村、2011年3月撮影）

ヴィンアン村では、二〇一〇年現在、三人のオーナーによって総計二七ヘクタールの養殖池が営まれている。最初は二〇〇三年に、地元トゥアティエン・フエ省出身者が、郡役所から面積一〇ヘクタールの土地を借り、そこに一つが面積約〇・二五ヘクタールの池を二四カ所造成して、この新しいタイプの大規模なエビ養殖を始めた。そして〇五年には、その北西側で別のトゥアティエン・フエ省出身者が七ヘクタールの土地で同じ面積の池二八カ所で、さらに〇八年には最初の人の南西側で、クアンナム省（トゥアティエン・フエ省の南隣）出身者が、面積一〇ヘクタールの砂丘上に、全二者よりやや大きな面積〇・二ヘクタールの池を二〇カ所作って、大規模エビ養殖を始めた。

この砂丘型養殖では、先に述べた他のタイプの養殖池とは異なる、バナメイという品種が養殖されている。バナメイは、ブラックタイガーと同じクルマエビ科ではあるいが、ブラックタイガーに比べて病気に強く、成長も早く、高密度の養殖が可能である(6)。また砂丘型養殖では、用水をラグーンの水に依存していないので、乾季・雨季に関係無く年間を通じて養殖可能で、年二回〜三回の出荷が可能である。そのため、エビの収量は年間一ヘクタール当たり一三、〇〇〇〜二〇、〇〇〇キロで、網いけす型の六五〜一〇〇倍、水田型の約一〇倍となっている。

集約的エビ養殖と混合養殖の進展

以上見てきたように、現在タムジャンラグーン地域では、少なくとも六類型のエビ養殖が行われている。以下では、そのような急速なエビ養殖の拡大に伴って、この地域で起こっている環境問題について考えて見たい。

ここでまず、前章で指摘したトゥアティエン・フエ省におけるエビ養殖水面の面積が、二〇〇五年〜〇九年の間に急減しているにもかかわらず、その期間に生産量が約二五％増加した点について、その要因や背景について検討しておきたい。

まず要因の一つとして挙げられるのは、従来の粗放的養殖池が大きく減少し、逆に集約的なタイプが増加したことである。すなわち、ラグーンの浅い水域で行われる網いけす養殖やアースポンド型、湖岸型のような、積極的な給餌を伴わない粗放的なタイプの養殖は、二〇〇〇年代前半に急速

---

(6) 室屋有宏（2006）日本のエビ輸入〜最大の対日輸出国ベトナムの台頭とその背景ー農林中金総合研究所「調査と情報」2006.5　11-16.

に増えた。そのため、ラグーンの水面は各種の養殖施設に占められ、それらが潮の流れを阻害して、水質悪化の要因の一つになった。そこで、一部の村では網いけすの整理や、水路の拡幅などを行い、その結果としてこれらのタイプの養殖水面は大きく減少した。

その一方で、先に述べた砂州型や水田型、さらには砂丘型のように、新たにラグーンの水域外に養殖池を造成し、そこで水質や給餌などを管理する集約的なタイプが増えてきた。そのため、全体として養殖面積は減少したが、集約的養殖池での生産性が非常に高いために、全体として生産量が増加したと考えられる。

また養殖面積の減少には、次のような統計上の問題も含まれていると考えられる。すなわち、トゥアティエン・フエ省では、二〇〇〇年〜〇四年にかけてエビの生産量が急速に増大する一方、エビの病気や価格変動に対するリスクも次第に大きくなってきた。それに対し、一部のエビ養殖池では二〇〇〇年代後半に、カニの養殖に転換したり、エビとカニ、または他の魚種を混ぜて養殖するようになった。

例えばヴィンハイ村では、一九九九年の大洪水時に、湖岸の低地と海とを隔てていた浜堤が幅二〇〇メートルと同八〇メートルの二カ所で決壊し、広さ約五〇ヘクタールの水田に海水が流入して、稲作が不可能となった。そこで、村役場の主導でまず四二ヘクタールの水田を養殖池に転用した[7]。その後、その周辺で水田から養殖池への転用が若干進んだが、二〇一〇年の少し前からそれらの一部で、カニの養殖が始まった。その理由は、カニの場合はエビに比べて、飼料代や海水導入のためのポンプ代の負担が少ないこと、またエビだけの養殖に対するリスク分散の意味もあるとのことであった。

トゥアティエン・フエ省の統計では、養殖水面はまず、「海水・汽水養殖」と「淡水養殖」に分けられ、

(7) 平井幸弘・グエン - ヴァン - ラップ・ター - ティ - キム - オアン（2004）ベトナム中部フエラグーン域における 1999 年洪水後の急激な環境変化 . LAGUNA（汽水域研究）11　17-30.

さらに「海水・汽水養殖」は、「魚類」、「エビ」、「混合またはその他」、「孵化場」の四種類に分類されている。このうち「エビ」の養殖水面がほとんどを占めるが、二〇〇七年～〇九年の間は、「混合またはその他」が一時的に「海水・汽水養殖」の二〇%～四〇%弱を占めている（二〇〇六年以前は統計値が入手できなかったので不明）。しかしこの間、「エビ」と「混合またはその他」の面積を合わせると、いずれも三六〇〇ヘクタール～三八〇〇ヘクタールで、二〇〇五年や一〇年の「エビ」養殖水面の値とほぼ等しい。

すなわち、二〇〇五年～〇九年の間に、トゥアティエン・フエ省におけるエビ養殖水面の面積が急減したように見えるのは、右に述べたようなエビとカニ、その他の水産物との混合養殖が行われたために、統計上そのように表現されたとも解釈できる。

養殖施設による洪水の堰き上げ

ところでタムジャン・ラグーンでは、一九九九年の大洪水後、二〇〇四年一〇月、〇六年九月、〇七年九月～一一月にも比較的大きな洪水が発生している。実際、フエ省では過去数十年において深刻な水害が顕著に増加し、洪水の季節（十月・十一月）が以前より早まる傾向にあるという(8)。その要因については、地球温暖化によって本地域の雨季（八月～十二月）の降水量の増大が考えられている(9)。筆者はこれに加え、ラグーン水域に築かれた各種の養殖施設が洪水流の障害となって、その堰上げ効果によって、湖岸低地での洪水がより起こりやすくなっている可能性を指摘したい。

砂州型養殖の経営者によると、毎年洪水期には、養殖池が水没して石積みの堤防の一部が損壊するため、その修復が必要という。この事実は、ラグーンの中州上の養殖池を囲む石積み堤防によって、洪水時の流れが阻害されていることを示唆する。

　中国の太湖では、一九五〇年代以降の月平均湖水位が、非洪水期で一年当たり〇・四〜一・一ミリ、洪水期には一年当たり三・〇〜五・〇ミリの割合で上昇しており、その要因として、海水準の上昇と干拓および水門や堤防の建設などの、人為的活動が指摘されている(10)。これらのことからも、フエのラグーンの湖岸や砂州、また浅い湖底に設置された各種の養殖施設によって、洪水時の流れが堰上げされ、結果として近年の深刻な水害に結びついているのではないかと考える。

集約的エビ養殖と水質汚染

　タムジャンラグーンでは一九九九年の大洪水をきっかけに、従来のエリ漁がエビを主体とした網いけす養殖へ変わった。またラグーンの浅水域で、アースポンド型および砂州型のエビ養殖池が作られ、そして湖岸沿いの水田地帯が集約的なエビ養殖池へと転換された。その結果二〇〇二年頃までには、ラグーンの湖岸および浅水域での養殖は、ほぼ飽和状態になった。そのため、これらの養殖による残餌・残渣の排出と、養殖施設が湖水の流れを阻害するために、底質の泥質化や水質の汚染が進行した。

　これに対し地元の村役場では、第5章でも述べたように、網いけす養殖施設の整理や水路の拡幅、砂州型養殖の制限、さらに本章前半で記したように、砂州型や水田型養殖での養殖回数を、年に二回から一回へ規制するなどの対応がなされた。

（8）Tran P. Shaw R.（2007）Towards an integrated approach of disaster and environment management: A case study of Thua Thien Hue province central Viet Nam. Environmental Hazards 7（4）271-282.
（9）Phong T. Fausto M. Rajib S. Massimo S. and Le Vann An（2008）Flood risk management in Central Viet Nam: challenges and potentials. Nat Hazards 46: 119-138.
（10）Chen、Z.Y. and Wang、Z.H.（1999）Yangtze Delta, China: Taihu lake-level variation since the 1950s, response to sea-level rise and human impact. Environmental Geology 37（4）333-339.

しかし、ヴィンフン村で現地調査を行った二〇一〇年三月中旬、多くの池で年一回の養殖の準備を始める時期であったが、パックテストを用いた簡易的な水質検査をした結果からは、ラグーンの水質改善はあまり進んでいないと思われる。すなわち、水質測定を行った各地点のCOD（化学的酸素要求量）は、養殖池で五～一五ppm、養殖池からの排水路で一二～一四ppm、養殖池地先のラグーンで四～七ppmであった。ラグーンの水質は、養殖が終わり雨季に入る直前の八月頃がさらに悪化するとのことであった。

なお、夏場にしばしばアオコの発生も見られる日本の霞ヶ浦では、年間を通じた湖水4カ所のCOD平均値は、最近十年間はおよそ七ppmの後半～八ppm前半である[11]。これと比較すると、今回養殖開始前に測定したフエのラグーンのCOD値は、霞ヶ浦より若干低いが、養殖最盛期～終了後の乾季末期には、霞ヶ浦以上に汚染されている可能性が高い。

一方、湖岸低地のかつての水田を転用したエビの養殖池から、背後の水田やその地下に塩水が侵入することで、周辺の稲作への影響が懸念される。水田型養殖池で飼育されるブラックタイガーの塩分濃度の適応範囲は、体重五〇㌘前後までは一〇～二〇‰で成長が早いとされる[12]。実際に養殖が始まった池で水質測定を行った結果、その塩分濃度は一六～一八‰で、養殖池と水田との間に設けられた水路の塩分濃度は、一〇～一二‰であった。ヴィンフン村の現地での住民への聞き取りでは、現時点では稲作に障害は出ていないとのことであった。しかし、第5章でも述べたように、プーディエン村の大規模養池に隣接する水田では、地元の農民から稲の収量が落ちたとの声もあり、今後水田地帯での地下水に関して詳しい調査が必要と考える。

（11）霞ヶ浦の水質状況（http://www.kasumigaura.pref.ibaraki.jp/04_kenkyu/kasumigaura/kasumigaura_suisitsu.htm, 2014.11.03）
（12）藤本岩夫・井上爾朗・伊丹利明・永井毅（2004）『改訂版　えび養殖読本』水産社　276p.

砂丘地下の淡水レンズの縮小と塩水侵入

先に述べたように、ヴィンアン村の海岸砂丘では、二〇〇三年以降急速に砂丘型養殖が拡大し、今後もさらに大規模な養殖が計画されている。これらの養殖では、海水と砂丘地下に存在する地下水を汲み上げて利用している。その量は、聞き取りによると一回の養殖当たり一ヘクタールの池面積に対し、およそ一〇、七〇〇立方メートルであった。したがって、本地域では現在三人の経営者によって、それぞれ面積七ヘクタール×一年間に二回、同一〇ヘクタール×一年間に三回、同一〇ヘクタール×一年間に三回の養殖が行われているので、地下水の総使用量は単純に掛け合わせると、一〇、七〇〇立方メートル×（七ヘクタール×二回＋一〇ヘクタール×三回＋一〇ヘクタール×三回）＝七九一、八〇〇立方メートル、すなわち年間におよそ八〇万立方メートルと推定される。

一般に、本地域のようにラグーンと海にはさまれた砂州や砂丘における地下水は、海水との比重の違いで、いわゆる淡水レンズとして存在しており、降水によって涵養されている。しかし、本地域における雨水の地下への浸透や、地下水の分布・流動についての調査・研究は見当たらず、地元の役所でも地下水についての情報は何も得られなかった。

しかしながら、これまで何にも利用されていなかった砂丘上に、多数の養殖池が造成され、エビ養殖のために大量の地下水が汲み上げられると、今後砂丘地下に存在する地下水に、何らかの影響が出る恐れがある。既存の淡水レンズの縮小や、砂丘背後の湖岸低地における地下水位の低下、海岸から海に湧出している淡水の減少などを招く可能性があろう。

また、現在の砂丘型養殖では、池および堤防全体を水が漏れないように、厚さ〇・数ミリの薄いビニールシートで覆っている。聞き取りによると、そのシートは一～三年で交換すると言うことであったが、現場ではシートが破損し、池底の砂がシート上に漏れ出ているところが何カ所も見られた。もしそこに、塩分濃度一五～二〇‰の水が大量に満たされれば、シートの破損箇所からその塩水が地下に漏れ出る可能性もあろう。

右に述べたような、海岸砂丘上の大規模エビ養殖と、それによる地下水への様々な影響については、砂丘型養殖の開始が近年のことでもあり、これまでほとんど注目されていない。そこで筆者は、二〇一二年の在外研究で、ヴィンアン村における砂丘上の大規模エビ養殖と地下水との関係を明らかにすることを研究課題の一つとした。次章では、その調査および結果について述べたい。

7　砂丘上の大規模エビ養殖――ヴィンアン村

第5章、第6章で述べたように、トゥアティエン・フエ省では、一九九九年のベトナム中部を襲った大洪水後、二〇〇〇年から〇四年にかけて、エビの養殖面積と生産高は急増した。しかし二〇〇五年から〇九年にかけては、エビ養殖面積は約四割も減少したのに対し、生産量は逆に約二五％増加した。その要因の一つは、フエのラグーン域一帯で、従来の粗放的なエビ養殖のタイプが減少し、逆に集約的なタイプが増加したためと考えられた。

グーグルアースで二〇一四年四月に撮影された最新の衛星写真をみると、フエ市の中心から約二五〜三〇キロ東側のプーヴァン郡ヴィンアン村およびその南東隣のヴィンミー村の海岸砂丘上に、巨大な養殖施設がいくつも並んでいる様子が確認できる。図1は、それらの砂丘上の養殖池のうち、ヴィンアン村のクイックバード画像である。この衛星画像が撮影された二〇〇六年五月七日時点では、まだ①の約十ヘクタールの土地に十六池しか写っていないが、その後〇六年に②の七ヘクタール、〇八年に③の十ヘクタール、そして一二年に④の五ヘクタールの範囲に、大規模な養殖施設が次々に造成された。

このうち最も新しい④の施設は、二〇一二年八月に操業が始まったばかりで、一辺六七メートル×六七メートルの巨大な池が三×四列に並び、池に酸素を送り込むための羽根車が勢い良く回っている。その様子を見ていると、ここが標高約十メートルの海岸砂丘地帯とはとても思えないが、池の縁を見ると、真っ白い砂丘砂が目にまぶしく、

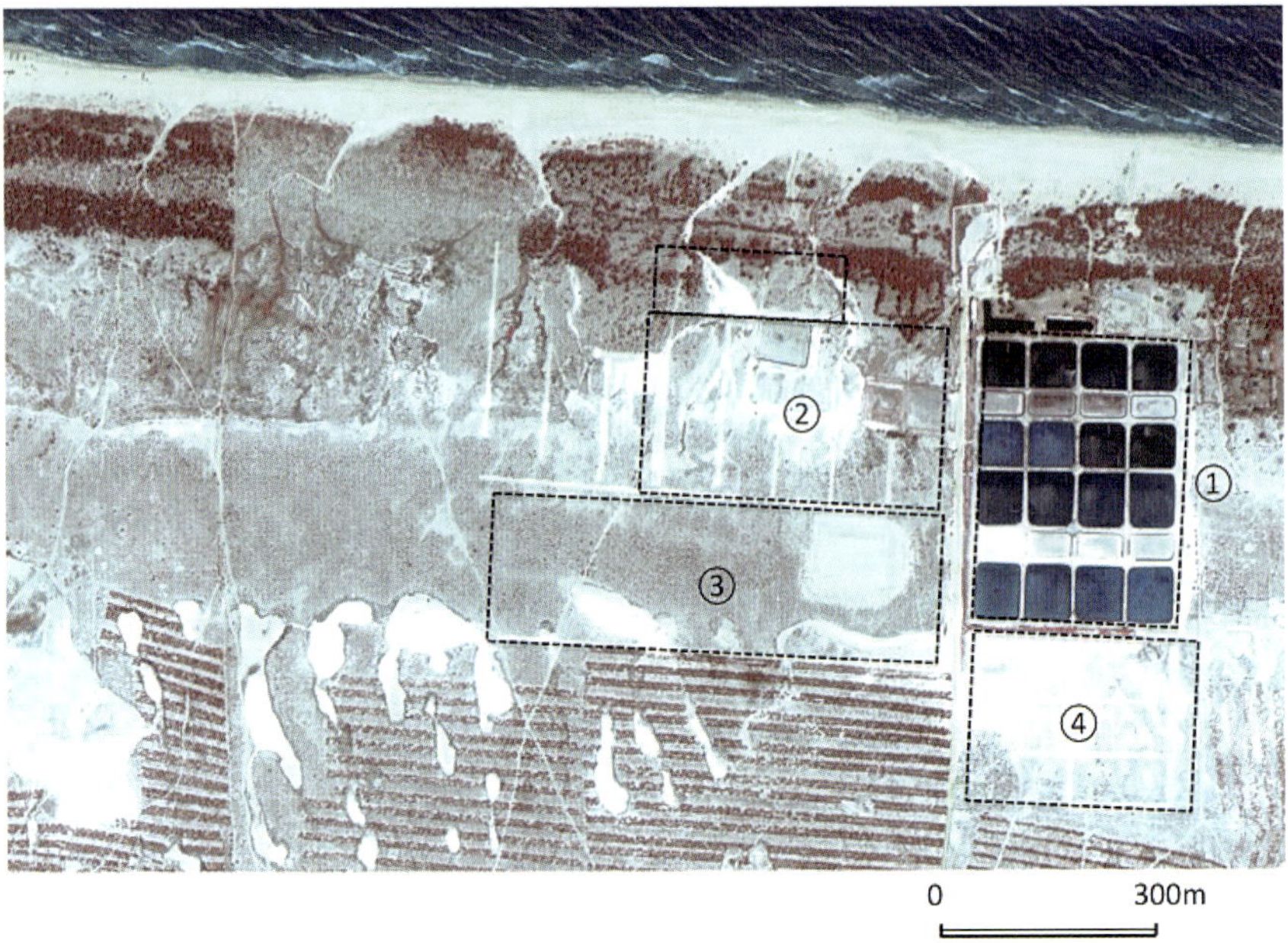

図 1　海岸砂丘上に広がる大規模なエビ養殖池
(2006 年 5 月 7 日撮影の QuichBird のフォールスカラー画像に加筆、①～④は経営者ごとの養殖池の敷地)

図 2　標高約 10m の海岸砂丘上に造成された最新の大規模養殖施設
(2012 年 12 月撮影、図 1 の④の敷地で 2012 年 8 月より操業開始)

あらためてここが砂丘の真上だと納得させられる（図2）。

養殖池は、砂丘を整地して深さ一・五〜二・〇メートル掘り込み、池底を厚さ〇・一五〜〇・三ミリのビニールシートで覆ってある。しかし、こんな薄いビニールシートで、本当に養殖池の水が地下に漏れださないのだろうか、また養殖後の排水はどうなっているのかなど、周囲の環境への影響が懸念される。なにしろ、この大規模養殖施設とヴィンアン村の最も近い集落とは、わずか三〇〇メートルしか離れていない。一方、村にはまだ水道は整備されておらず、住民は飲み水や炊事などの生活用水を、ほぼ地下水に頼っているからである。

本章では、このようなヴィンアン村において、砂丘上の大規模なエビの養殖池と、本地域の地下水との関係について検討してみたい。そこでまず、エビ養殖における海水と地下水の利用、および排水処理の実態について調査した。そして、ヴィンアン村の人々の地下水の利用状況と地下水位の現況について、主に開放型の井戸を中心に調査した。その際、いくつか簡易的な水質検査も実施し、地下水の水質についても検討した。

海水と地下水を利用する大規模エビ養殖

砂丘上の大規模養殖池施設では、ラグーンや湖岸で養殖されているブラックタイガーとは違う、バナメイという種のエビが養殖されている。第5章でも述べたように、バナメイは近年アジア各地の養殖場で急速に広がっており、二〇一二年の全世界での養殖エビの約七〇％がバナメイで、日本のスーパーでもこちらの方を見ることが多くなった。

バナメイは、従来のブラックタイガーに比べ、病気に強く成長も早く、また池底に生息するブラックタイガーと違って遊泳生活をする。そのため、池の深さを従来のものより深くすることで、同じ面積でも養殖密

図3　海岸の砂浜の地下から海水を汲み上げ、養殖池に配水している（2011年3月撮影）

度をさらに高められる。その結果、ここの施設での養殖密度は、一平方メートル当たり一五〇〜二〇〇匹で、水田を転換した養殖池でのブラックタイガーの養殖密度三〜一二匹に比べて、十数倍から数十倍大きくなっている。

養殖に必要な海水は、海岸の砂浜の地下約八メートルからポンプで汲み上げ、そこから各養殖池まで延長百数十メートルのパイプで配水している（図3）。一回の養殖期間に使う海水の量は、池の容積によって違うが、一ヘクタール当たり一七、〇〇〇立方メートル〜三八、〇〇〇立方メートルになる。この場合「海水」とは、厳密には海岸の砂浜の地下七〜八メートル付近から汲み上げている塩水で、その塩分濃度は約二七〜二八‰とのことだった。

一方、エビの生育にあわせて海水の塩分濃度を調整するために、砂丘の地下に存在する淡水も利用されている。その地下水は、図1の①と②の施設の近傍と、③の施設の内陸側、アカシアの防風林の中の、それぞれ深さ一〇〜一五メートルの地点から汲み上げられている。

②や③の施設では、二〇一〇年の聞き取りでは、一回の養殖期間に一ヘクタール当たり約一〇、〇〇〇立方メートルの地下水を使用するとのことであった。しかし、バナメイは塩分濃度への適応範囲が広く、海水に混ぜる淡水の量を減らせるということで、二〇一二年の聞き取り調査時には、化学薬品も併用しながら、③では地下水の使用は同約四、〇〇〇立方メートルで、最新の④の施設では地下水は使わず、雨季に降った雨水を貯めて使ってい

るということであった。地下水の利用を減らしたのは、地下水の水質がエビ養殖にとってあまり良くないことが、一つの理由のとのことであった。

一方養殖後の排水は、各養殖池の池底中央にある排水口から、直径三〇～三五センチのパイプで池の下を通って中央の排水溝に集められている。海に流入する直前の砂浜に、広さ約一ヘクタール（八〇メートル×一一〇メートル）、高さ約三メートルの堤防で囲んだ処理池を造り、汚泥を沈殿させる計画だったそうである。しかし現場に行って見ると、特別の処理は行われておらず、未完成の処理池の中を流れる排水からは、腐敗臭が漂っていた（図4）。

図4　周囲の堤防だけがつくられ、未完成の排水処理池
（2012年12月撮影）

生活用水としての地下水の利用

ヴィンアン村に現在水道は無く、住民は一部飲用水を街から購入しているが、生活用水は基本的には地下水に依存している。従来は、各家庭にある深さ二～三メートルの開放型の井戸を使っていたが、十五年ほど前にこの村にも電気が通じ、十年ほど前から、ほとんどの家は深さ約一二メートルの地点からポンプで地下水を汲み上げている。

現地調査を始める前に、役場の担当者に聞いたところ、従来の井戸のある家はもう二軒しかないとのことだった。しかし、調査対象地区を細かく歩いた結果、まだ多くの家に井戸が残されてお

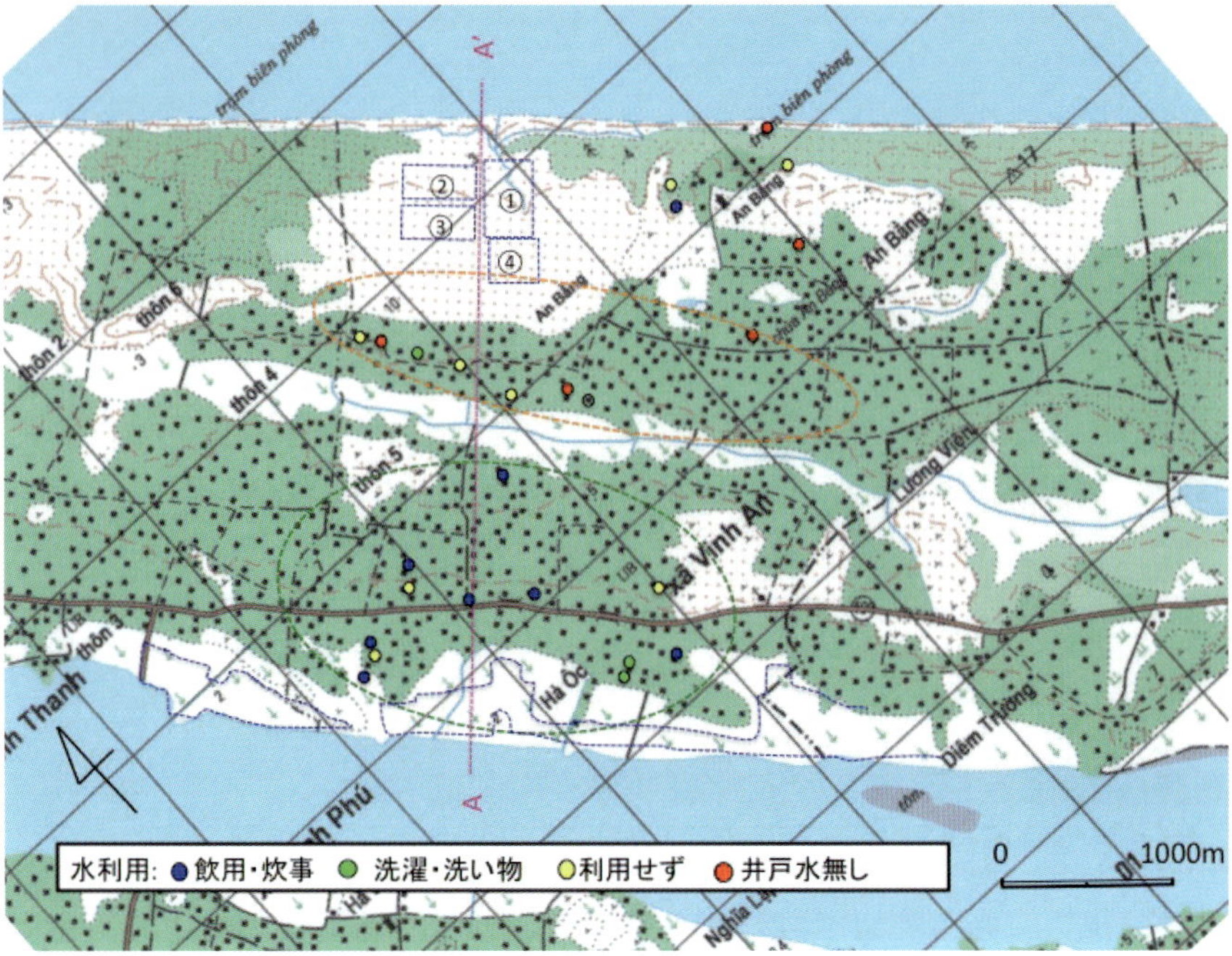

図5　ヴィンアン村の開放井戸の分布とその利用
（2002年発行の1/50000地形図 PHU LOC に加筆）①〜④は、砂丘上の大規模エビ養殖施設で、ラグーン湖岸の点線で囲まれた部分は、水田型のエビ養殖施設。

り、地下水位を測定し水質検査を実施した井戸は、合計二十五カ所になった（図5）。

ただし、その井戸から汲んだ地下水をそのまま飲用や炊事に使っているのは、わずか七カ所であった。このほか、一カ所は村の共同井戸で、去年まで飲用のために住民が汲みに来ていたが、二〇一二年からは使用しなくなったとのことであった。そして三カ所では、飲用や炊事には使っていないが、洗濯や洗い物には使用していた。

そのほか八カ所は、井戸の底に水はあるものの、ポンプで汲み上げた地下水のみを使用しており、井戸水は使われていなかった。残りの五カ所は、少なくとも調査した六月〜八月時点では、井戸の底に地下水が認められなかった。なお二五カ所の井戸のうち一カ所は、井戸底に水深三〇チセンの地下水が認められたが、家人が留守であったためその井戸水をどのように使用しているのかは不明であった。

右で述べたような井戸水の利用状況を分布図にしてみると、海岸砂丘の内陸側のラグーンに近い方では、飲用や炊事、また洗濯や洗い物に、今でも開放型の井戸で汲める浅い地下水を利用している（図5で、緑色で囲んだ範囲）。しかし、海側の砂丘上の大規模エビの養殖池に近い方では、井戸の底に水がないところや、あっても使われていないところが多く見られた（図5でオレンジ色で囲んだ範囲）。

ヴィンアン村北部の地下水分布と水質

砂丘上の大規模なエビ養殖と、地下水との関係を明らかにするために、エビ養殖池に近いヴィンアン村の北部地区での地下水の分布と、それぞれの井戸における井戸水の水質を調査した。各井戸では、井戸枠の縁から地面までの高さ、同じく水面および井戸底までの深さを測定し、同時に雨季の最高水面の水位も聞き取った（図6）。水質については、水温、ペーハー（pH）、電気伝導度（EC）、塩素イオン濃度（Cl⁻）を測定し、パックテストを使ってCODを調べた。地下水調査は、フエ農林大学の若手講師や大学院生に手伝ってもらったが、各家での調査では、役場の担当者や井戸の所有者も、真剣な目で測定結果を見守っていた（図7）。

ところで、各井戸で地下水の水面標高を知るためには、

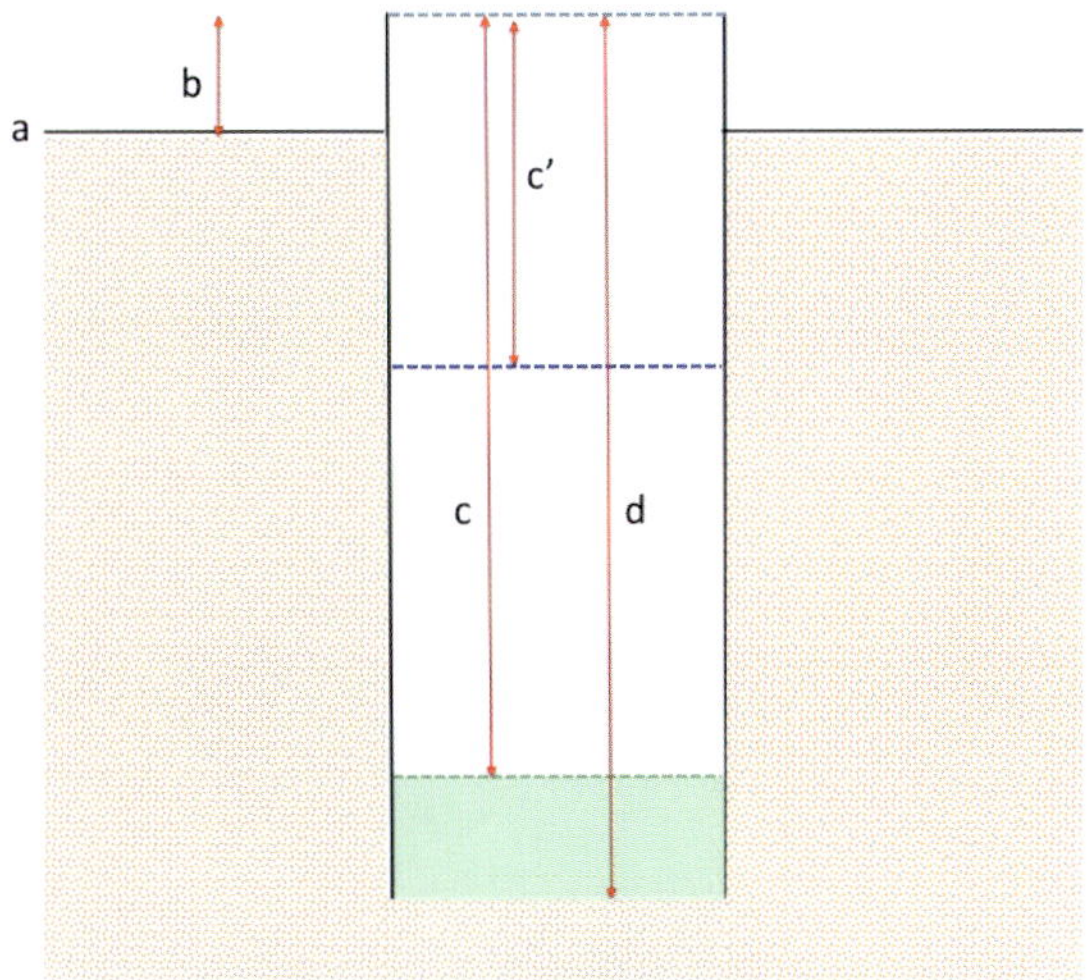

図6　開放井戸での地下水位の測定
a: 井戸のある地面の標高、b: 井戸枠の高さ、
c: 井戸枠の縁から水面までの深さ、
c′: 井戸枠の縁から雨季の最高水面までの深さ、
d: 井戸枠の縁から井戸底までの深さ

図7　ヴィンアン村での開放型井戸での水質測定風景
（2012年5月撮影）

その井戸のある場所の正確な地盤高（標高値）が必要である。しかしベトナムの二万五千分の一地形図には、五メートル間隔（一部に二・五メートルの助曲線あり）の等高線は描かれているが、日本の地形図のように水準点や三角点は記載されていない。そのため、測量によって任意の地点の正確な標高を知ることは困難である。そこで、縮尺一万分の一のデジタル地盤高図（およそ一〇〇メートル間隔で〇・一メートル単位の標高値が記入されている）を入手し、GPS（全地球測位網）で井戸の位置を決め、各調査地点の地盤高を推定した。

その結果、本地域の地下水の水面標高（乾季）は、砂丘の高まりの直下で四・〇メートル、海岸線および湖岸線で〇メートル、二列になっている砂丘の間にある小さな谷で二・八メートル以下、地下水面全体の断面形は中央が少しへこんだ凸型になっていることがわかった。雨季には、各地点で今回測定した水位より、それぞれ〇・八〜一・四メートル高いことも明らかになった（図8）。

調査した井戸の多くは、地面から二・〇〜二・五メートルの深さまで掘られている。調査時（二〇一二年六月〜八月の乾季）には、二五か所のうち水が涸れているものが四カ所、井戸底に水はあるがバケツが完全に沈まない水深三〇センチ以下が六カ所あった。

もともと、それぞれの井戸は、乾季でも十分水が得られる深さまで掘られたであろうから、現在乾季に

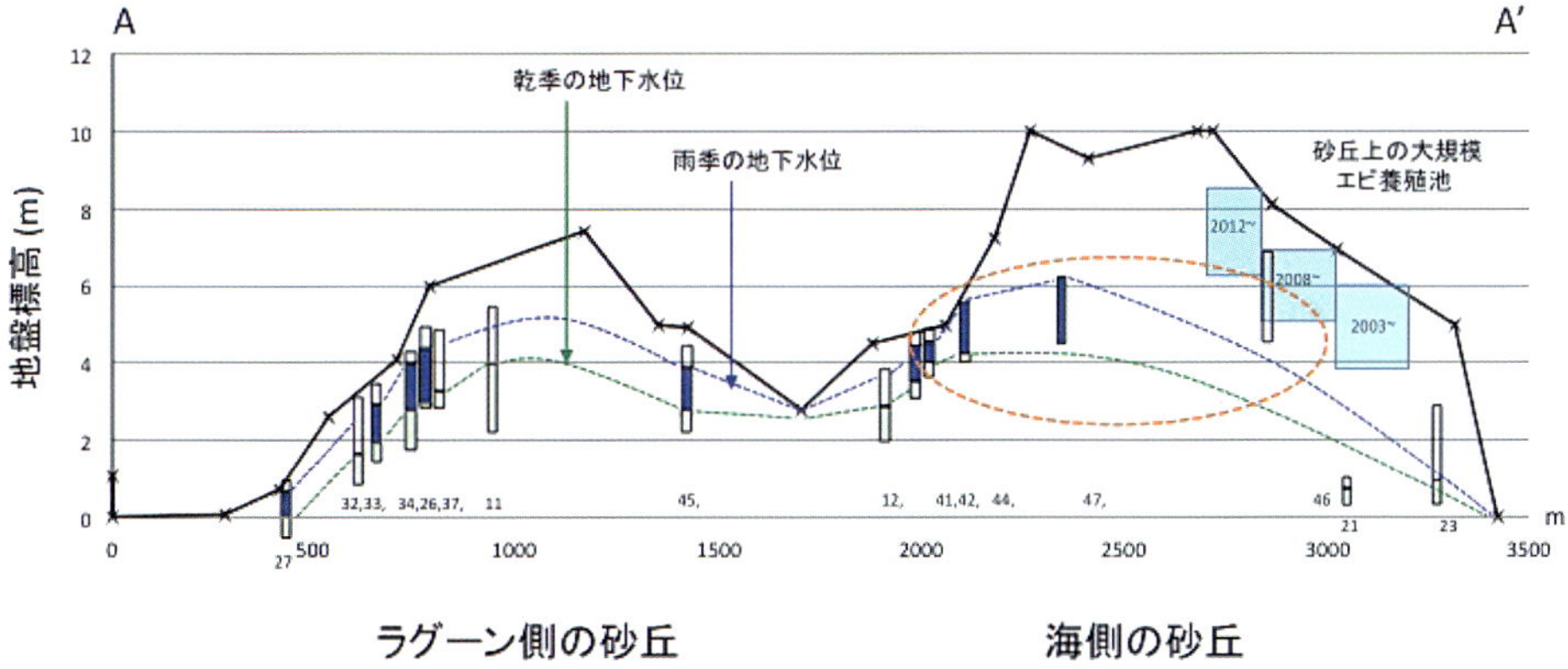

図８　ヴィンアン村における開放井戸の地下水調査から推定した海岸砂丘下の地下水位
（地形断面は、１万分の１地盤高図より作成、断面の位置は図５の A-A′）
オレンジ色で囲んだところでは、乾期には干上がっている井戸が多く見られた。

図９　ホイさん宅の井戸で水位・水質測定のあと
記念撮影（2012 年８月撮影）

井戸が涸れたり、湛水深が著しく小さいという事実は、近年乾季の地下水位が低下している可能性を示唆している。現在も井戸を使っている住民によると、天候や時期によっては、さらに水位が下がり、井戸が涸れる時があるとのことであった。しかし現在ほとんどの住民は、十年ほど前から、深さ十二メートルの地点からポンプで取水しているので、近年の地下水のそのような水位変化には気づいていないようであった。

一方、本地域の井戸から取水した表層地下水の水質については、使用されていない井戸でpHが七～八と若干高めで、今も使われている井戸水の多くはpH六～七だった。また電気伝導度は、ラグーンの湖岸低地と、二列ある砂丘のうち海岸側の砂丘の地下で若干高く、ラグーン側の砂丘の地下では低い値であった。このうちラグーン側の砂丘上にあるホイさん宅では、五十五年前につくった井戸を今も使っている。普段は、地下一二メートルからポンプで取水しているが、お茶を飲むには、やはり井戸（深さ二・九メートル）で汲んだ水の方が美味しいと自慢していた（図９）。

砂丘上の大規模エビ養殖と地下水問題

今回調査したヴィンアン村の井戸では、乾季にはその四〇％で涸れたり、湛水深が著しく小さくなっている。その原因は、住民のポンプ取水に伴う地下水使用量の増大に加え、新しく砂丘上で始まった大規模なエビ養殖に伴う地下水利用などが考えられる。

住民の、現在の地下水使用量についての正確なデータは存在しない。調査したヴィンアン村で、生活用水全てを開放井戸からの地下水でまかなっている家で聞き取ったところ、一人一日当たりの使用量は約二五リットルであった。一方、フエ市での一人一日当たりの水道水の使用量は、およそ八〇リットル〜一三〇リットルとされている。これらの数値を参考に、ヴィンアン村でのポンプ取水での一人一日当たりの地下水使用量を、仮に開放井戸利用の二倍の五〇リットル、すなわちフエ市民の使用量の四割〜六割程度とすると、ヴィンアン村（人口約九〇〇〇人）全体での一年間の地下水使用量は、〇・〇五立方メートル×九〇〇〇人×三六五日＝一六四、二五〇立方メートルとなる。

これに対し、砂丘上の大規模養殖で使われる地下水の量は、二〇一〇年の調査時には、一回のエビ養殖（三〜四ヵ月）で一ヘクタール当たり約一〇、七〇〇立方メートルということであった。当時の各養殖池での年間の養殖回数とその面積を元に、これらのエビ養殖による地下水の使用総量は、第６章97ページに記したようにおよそ八〇万立方メートルとなる。

二〇一二年の調査時には、養殖池の面積はさらに五ヘクタール増えたが、先に述べたように使用する地下水の量を

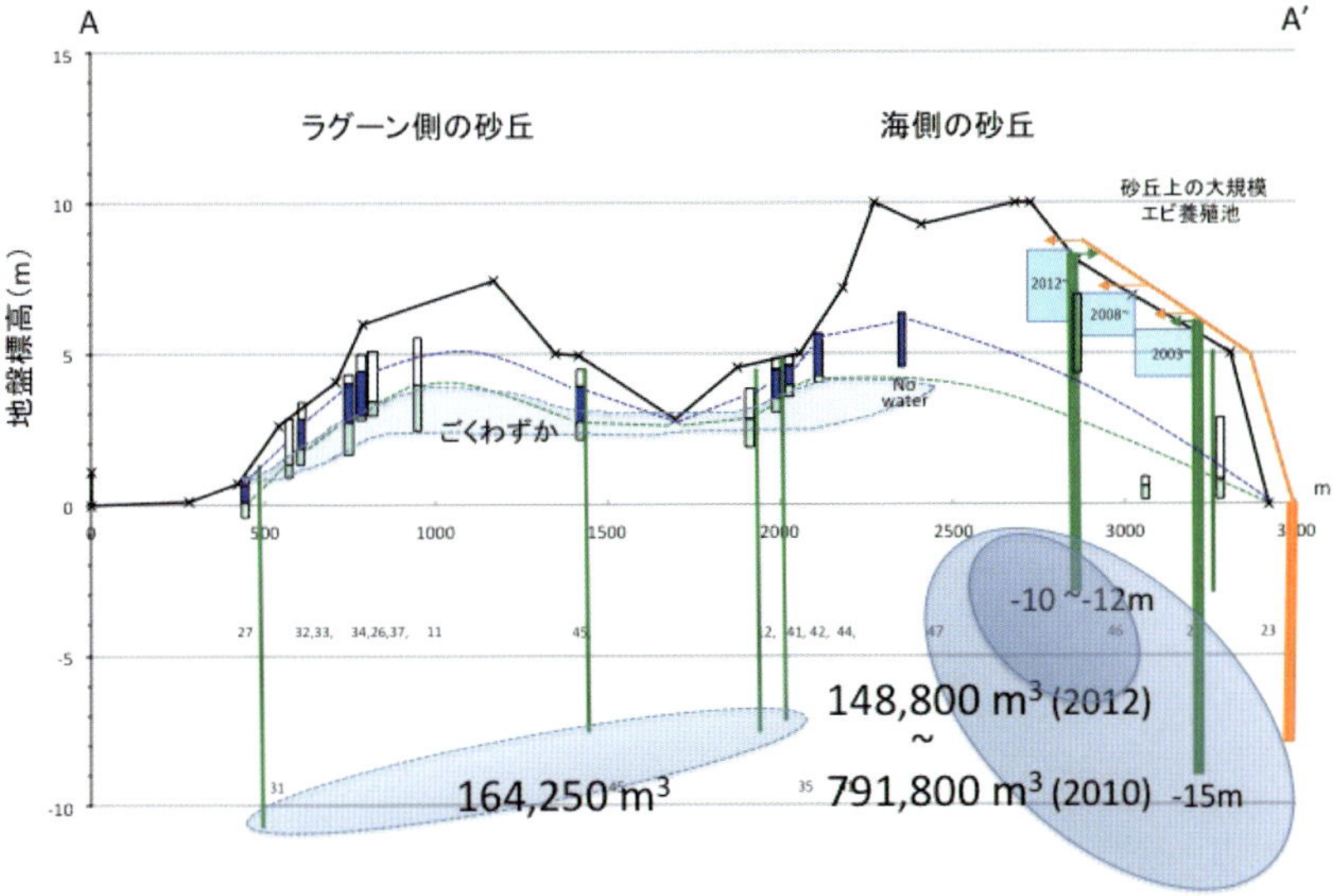

図10　ヴィンアン村における砂丘上の大規模エビ養殖および住民による地下水の使用量（推定）

減らしたり、雨水を利用したりと、全体として地下水の使用量は大幅に減少していた。各経営者によって地下水の取水量は異なり、①では地下水を使用しておらず、②では一回のエビ養殖で一池当たり一〇〇〇立方㍍、③では同じく一二〇〇立方㍍とのことであった。④では、雨季には雨水を利用し、乾季にも雨季に貯めた雨水を利用するとのことで、地下水は使っていない。

したがって、②と③を合わせた地下水の使用総量は、一〇〇〇立方㍍×二四池×二回＋一二〇〇立方㍍×二八池×三回＝一四八、八〇〇立方㍍となる。この量は、二〇一〇年に調査した際の量に比べると、一割ほどである。

これらの概算の結果によると、砂丘上の大規模エビ養殖で取水されている地下水の総量は、二〇一〇年時点では住民の地下水使用量の約五倍、二〇一二年時点では約九割という値になる（図10）。ヴィンアン村での住民の地下水使用量は、先に記したように正確な値が不明であるため仮りの値である。しかしこれに対し、エビの大規模養殖での地下水使用量は、二〇一二年の時点では大幅に少なくなっているとは言え、無視できる量とは言えない。

一方水質については、水田型養殖が広がるラグーンの湖岸低地に隣接する地区と、海側の砂丘上の大規模養殖施設に近い地区で、電気伝導度がその他の地域に比べて若干高くなっている。すなわち、電気伝導度は前者で二〇～三〇ミリジーメンス／メートル、後者で二〇～二五ミリジーメンス／メートルで、その中間の地区で一〇ミリジーメンス／メートル前後であった。

一般に電気伝導度は、塩水や汚水が混入するとその値が高くなるので、海水の混入や水質汚染の影響の指標として用いられる(1)。日本での浅層地下水の電気伝導度は、一般に一〇～四〇ミリジーメンス／メートル程度とされている(2)。この値と比較すると、ヴィンアン村の地下水の一部が、海水や汚染水の影響を受けているとは、すぐには判定できない。しかし、先に述べたような村内での電気伝導度の値の分布状況を考えると、その可能性も考慮する必要があるのではないだろうか。今後、ラグーンの湖岸沿いおよび砂丘上のエビ養殖施設周辺で、さらに詳しい地下水調査が必要であろう。

今のところ、ヴィンアン村の住民が利用している地下水に関して、地下水位や水質に深刻な影響は出ていない。しかし今後、砂丘上の大規模養殖施設が拡充されたり、排水処理が適正に行われなければ、本地域の地下水の量や水質に、より大きな影響が出る可能性が懸念される。

将来の海面上昇と海岸侵食の影響

二〇一〇年に、砂丘上の大規模エビ養殖池のうち、海岸寄りの養殖池（図1の②）に淡水を供給していた井戸で、塩分濃度が五～一〇‰に急上昇した。この井戸は、砂丘表面から深さ一五メートル、海

(1) 日本陸水学会東海支部会編（2014）『身近な水の環境科学　実習・測定編―自然の仕組みを調べるために―』朝倉書店　47-48.
(2) 高村弘毅編（2011）『地下水と水循環の科学』古今書院　17-18.

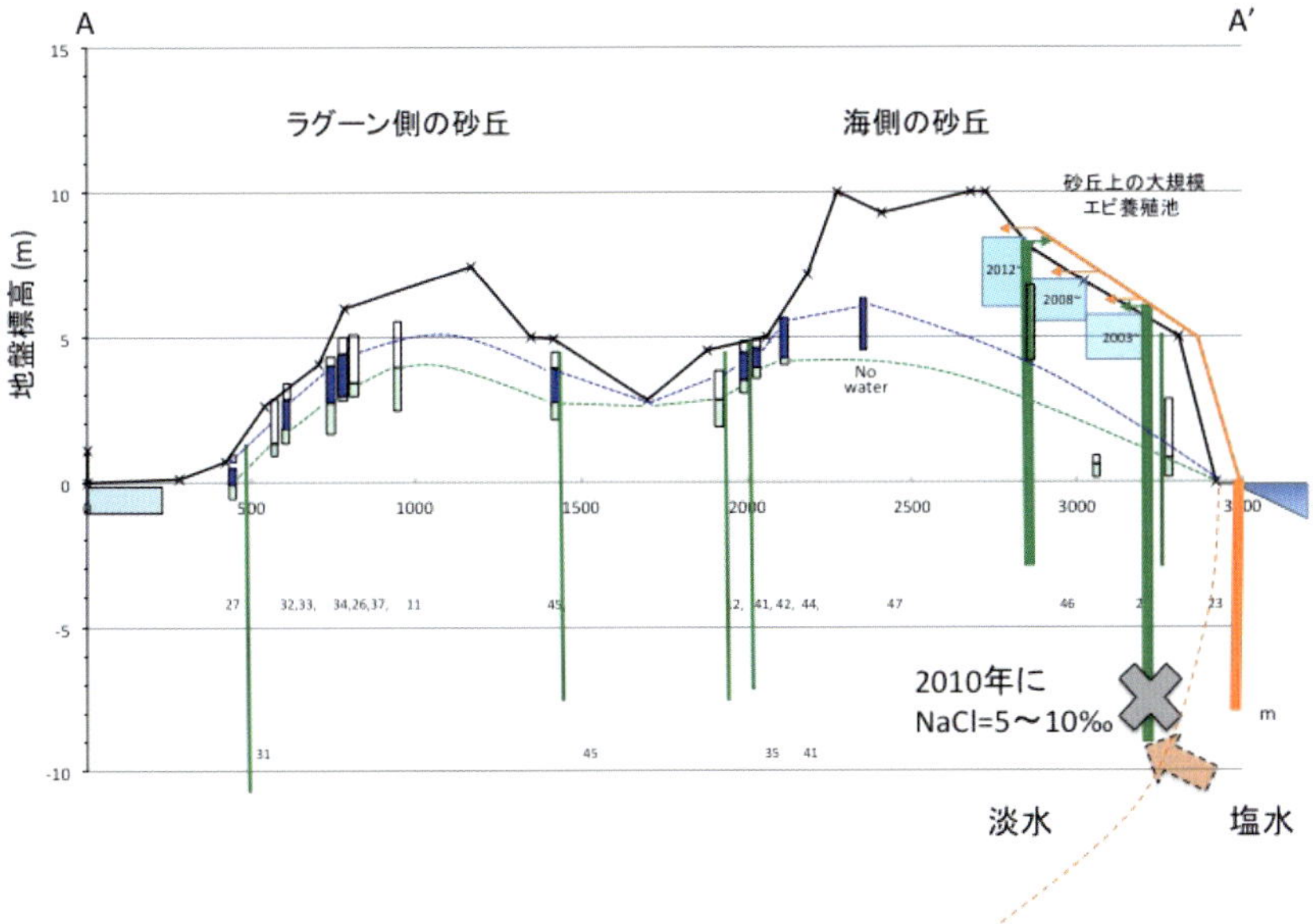

図 11　海岸寄りの井戸で地下水の塩分濃度が急上昇した事象の解釈

水面からマイナス九メートルの地点で、取水していた。しかし、塩水が混じってしまったので、その後この井戸は使用できなくなったとのことであった。この事実は、砂丘下に存在している地下水層に、海側から塩水（海水）が侵入したため、塩分濃度が急上昇したと推測される（図11）。

なぜ、砂丘地下の淡水層に海水が侵入したのか。その一つの要因として、近年深刻になってきた海岸侵食の可能性が指摘できよう。本地域の海岸線の変化について、一九七五年と二〇〇二年発行の地形図を比較してみると、この三一年間の本地域の海岸線は、幅四〇メートル～最大約一〇〇メートル後退している。ヴィンアン村の住民によると、海岸侵食を防ぐために、一九七五年頃から海岸砂丘前面の浜に、フィーラオほかの植物を植栽したとのことであった。また、砂丘上のエビ養殖開始後に海岸の砂浜に設置された、海水を汲み揚げるためのポンプ小屋が、近年高波で危険になったので、内陸側に約二〇メートル移動したとのことであった。今後、気候変動・海面上昇によって、さらに海岸侵食が進み、また砂丘地下に存在する淡水層への塩水の侵入、すなわち淡水レンズの縮小などが進むことも心配される。

海岸砂丘上での新たな開発と地下水問題

冒頭でも述べたように、ヴィンアン村の南東側のヴィンミー村の海岸砂丘上でも、二〇一四年四月に撮影されたグーグルアースの最新の衛星画像をみると、一つが約五〇~五五㍍四方、合計五六の養殖池が、五区画、合計約一五㌶の広さに造成されている。二〇一〇年三月三一日撮影のＡＬＯＳ画像には、まだそのような施設は見られないが、二〇一二年六月二七日撮影のグーグルアースの画像には四カ所の養殖施設が操業開始、または造成中であるのが確認できる。したがって、このヴィンミー村の砂丘上の大規模養殖池は、まさにこの二~三年の間に急速に拡大していると推測される。

一方、ヴィンアン村の大規模養殖池のすぐ北側の、ヴィンタン村にまたがる総面積四九㌶の区画では、大規模リゾート開発が計画されている。ホテル等のリゾート施設での、新たな水利用やその排水による地下水への影響も懸念される。

すなわち、右に述べたような海岸砂丘上で、今後さらに大規模養殖やリゾート開発が進展すれば、それらによる地下水の過剰な利用によって、砂丘地下の淡水レンズが縮小する可能性があろう。もしそのような事態となれば、ヴィンアン村のみならず、このフエのラグーンと海岸との間にある地域一帯で、住民の生活用水としての地下水の利用に、大きな支障をきたす恐れがある。

したがって今後、本地域の地下水については、継続的な水位観測や詳細な水質検査を行い、一方で養殖施設の新規造成や拡充、またリゾート開発などにおいては、それらの地下水への影響について十分な事前の環境への影響評価を実施することが、とても重要と考える。

コラムⅡ　ヴィンアン村の砂丘上での大規模エビ養殖事業の全体計画図（2005 年）

ように、養殖池に海水を引くための２本のパイプラインが描かれている。これらは現在も使用されているが、このうち北側のパイプライの途中に設けられたポンプ小屋は、第７章で述べたように、近年の高波によって被害の恐れが出てきたため、最初の位置から 20 m内陸側に移動した。

２本のパイプラインの間には、養殖池からの排水を処理する幅 82 m×奥行き 113 mの大きな池が描かれている。この排水処理池は、グエン氏が村当局に建設を提案したとのことであった。しかし、村当局は途中で建設をやめてしまったため、現在処理池は未完成の状態で、養殖池からの排水は無処理のまま、海岸の砂浜に染み込みながら、海に流れ出ている（第７章の図 4)。

ここに紹介したように、2003 年に始まったヴィンアン村の海岸砂丘上での大規模エビ養殖事業は、それぞれの養殖池の規模や数は多少変更されたが、開始から 10 年間かけてほぼ当初の全体計画に沿って進められた。しかしグエン氏によると、氏が養殖事業を始めるに当たって、最初は大変歓迎し援助してくれたヴィンアン村当局は、先に述べたように氏が提案した排水処理池の建設を途中で中止し、またエビの病気で困難な状況に陥った際には、約束していたにもかかわらず何も援助してくれなかった。氏は、このような村当局の対応に、本当に失望しているとのことであった。

第７章でも述べたように、海岸砂丘上でのこのような大規模な養殖事業については、周辺の環境への影響についても十分に配慮し、事業者と村当局の双方が責任を持って行うべきと考える。

コラム　II

砂丘で最初にエビ養殖を始めたグエン氏

ヴィンアン村の海岸砂丘上で、最初に大規模なエビ養殖を始めたグエン氏に、2012年12月に話を聞きに行った。グエン氏はもともとトァティエン・フエ省の出身で、その後南部のホーチミン市で長らく仕事をしていた。1999年、ベトナム中部で大洪水が発生し、フエ市を中心に大勢の被災者が出たのを見て、氏は慈善活動として食糧等の支援を行ったそうだ。

これをきっかけに、2003年に国の漁業省（その後2007年に農業地域開発省に統合）と地元行政当局の協力を得て会社を興し、ヴィンアン村の砂丘上で大規模かつ集約的なエビ養殖を始めた。なお彼の子息は、アメリカでバイオテクノロジーの研究をしているとのことであった。グエン氏が設立した会社は、TPA（Thien Phu An）株式会社と言う名前で、これはThua Thien Hue, Phu Vang District, Vinh An Villageと言うこの場所の名前を組み合わせたもので、ベトナム語で「天から平安が賦与される」という意味になると、自慢げに話してくれた。

113ページの図は、2005年に作成されたTPAによるエビ養殖事業の全体計画図である。グエン氏は2003年に、この図の南東側10haの敷地で、60m×60mの養殖池16を造成して養殖を始めた。池の深さは1.4～1.8mで、池の水が砂丘の地下に漏れないように、池全体が厚さ0.2mmのナイロン製シートで覆われている。

その後2006年に、グエン氏の区画の北西側で、同じくトァティエン・フエ省出身の別の経営者が養殖を始めた。この図では、15haの敷地に85m×85mの正方形の池24が描かれているが、実際には8haの土地に、これより小さい40 m×50 mの池24が作られた。2008年には、その内陸側の10haの敷地で、クァンナム省出身の3人目の経営者が、50 m×50 mの池28を造成して養殖を始めた。

さらに2012年には、2番目の経営者が図の南西側5haの敷地で、計画図より大きい67 m×67 mの12の池を作って養殖を開始した。この最も新しい養殖池は、従来のものより大きいだけでなく、池の深さも1.8～2.0 mと深くなっている。従来の池は、ブラックタイガーを養殖するために造成されたが、最新の池は、当初からバナメイを養殖する前提で、エビの養殖密度を高めるために、より水深の深い池にしたと考えられる。

なお、2003年に養殖を始めたグエン氏は、最初の4年間はブラックタイガーで、2007年からバナメイに切り替え、現在は1㎡当たり120匹のバナメイを養殖している。

ところで、この全体計画図を詳細に見ると、開発区域の入り口に当たる南西側隅には、総合管理所、研究施設、防疫所、ゲストハウスのほか、テニスコートやプールが配された区画が描かれている。しかし実際には、この部分にはそのような施設は何もなく、先に述べた最新の大規模な養殖池が整然と並んでいるにすぎない。また計画図には、養殖のための稚エビの孵化場、モーターなどの修理場2カ所、従業員の宿舎なども描かれているが、修理場1カ所の他は、計画図のようには整備されていない。

一方海岸側には、養殖池と海岸線を結ぶ

8　近郊農村の安全野菜栽培と水問題——クアンタン村

図1　フエの新市街地にある大型ショッピングセンター内・コープマートの安全野菜売り場（2012年6月撮影）

フエ市内で最大のドンバー市場の隣に、二〇〇八年七月に衣料品店や本屋、ロッテリアほかのフードコートもある近代的なショッピングセンターが開店した。その一階にはサイゴン資本のコープマートが入り、日本のスーパーマーケットと同じように様々な食料品がそろっている。その野菜売り場に行ってみると、"Rau-Củ-Quả An Toàn"の大きな看板の下に、色とりどりの野菜や果物が並んでいるのが目につく（図1）。ベトナム語でRau は野菜、Củ は根菜、Quả は果物で、An Toàn とは「安全」と言う意味で、ベトナム国内では最近このRau An Toàn（安全野菜）という言葉をよく見聞きするようになった。しかし、この言葉の定義は、はっきり決まっているわけではなく、日本での無農薬あるいは減農薬野菜、また有機栽培野菜などが混在しているようだ。

近年、トゥアティエン・フエ省でもこの安全野菜の栽培、流通、

図2　フエの旧市街地にある地元のトゥンタンマートの安全野菜売り場（2012年4月撮影）

販売が始まり、右に紹介したような大型スーパーマーケットのほか、筆者が二〇一二年に一年間滞在していた旧市街地の、王宮に近い小さな地元資本のトゥンタンマートでも、安全野菜の専用売り場があった。店の奥に、やはりRau An Toànと書かれた大きめのボードの前に、ゴーヤ、キュウリ、サツマイモ、ジャガイモのほか、何種類かの葉物も小さなかごに入れられてきれいに並んでいた（図2）。先の大型スーパーの安全野菜は、ベトナム中部のダラット産が目立っていたが、旧市街地のこの店の安全野菜は、おもにフエ郊外のクアンタン村で生産された野菜である。

フエの近郊の農村でも、近年安全野菜の栽培が始まり、二〇〇八年からはその集荷、流通、販売を行う会社も設立された。そのような取り組みは、まだごく小規模な段階であるが、あとで述べる大都市志向型や輸出型とは違った、地方都市の近郊野菜栽培の事例として注目されている。

岡山大学大学院環境生命科学研究科の金科哲教授はこの点に着目し、二〇一二年四月と七月および一三年六月に、安全野菜の生産を始めたクアンタン村をフィールドとして、地理学の視点から総合調査を実施した。調査は、「安全野菜栽培の取り組み」、「安全野菜の土壌と水質環境」、「リモートセンシングデータによる土地利用変化」、「村内の人民信用基金（マイクロクレジット）」などの課題について、岡山大学とフエ農林大学の教員および院生、総員約二〇名が各グループに分かれて取り組んだ(1)(2)。筆者は、この調査団の正式メンバーではなかったが、金教授の誘いを受け、課題の一つであった「新しい合作社と用水管理」に関連して、二〇一二年の調査時に現場を訪ね、村の水利に関して聞き取り調査を行った。そこで本章では、その時の調査をもとに、クアンタン村の安全野菜栽培と水に関わる諸問題について紹介したい。

ベトナムの安全野菜

ベトナム政府は、二〇〇八年に農業農村開発省が中心になってＧＡＰ（Good Agricultural Practice：ベトナムの適正農業規範）を定めた。指定された研究機関で微生物や重金属などの検査に合格し、洗浄、殺菌、包装などの施設を有し、農薬や肥料の使用状況等を記録するなどの条件を満たすと、各省の農業開発局が認証し、ベトギャップ（Viet GAP）マークを付して販売できる制度である(3)。

現在そのような取り組みが盛んなのは、首都ハノイ近郊の紅河デルタの一部と、南部のホーチミン市に近いドンナイ省およびメコンデルタの一部、そしてベトナム中部の標高約一五〇〇㍍の高原地帯にあるダラットを中心とした一帯である。ダラット産の野菜は、生鮮野菜のほか、加工野菜としても海外に輸出され、日本には冷凍ホウレンソウやカボチャ、カンショ、ナス、オクラなどが輸入されている(4)。はじめに紹介したショッピングセンターの安

---

(1) 生方史数・カオ タン フン・チャン バオ フン（2013）農村金融市場の「フォーマル化」と住民の経済活動―ベトナム中部・都市近郊農村の事例―　地域地理研究　19-2　1-13.

(2) 本田恭子・ホアン ゴック ミン チャウ（2013）市場経済下のベトナム中部沿岸地域における農村コミュニティの再編―用水管理と合作社組織の再編に着目して―　地域地理研究　19-2　14-24.

(3) 稲津康弘・中村宣貴・椎名武夫・川本伸一（2008）ベトナムにおける食品安全性確保の取り組み　食総研報　72　93-106.

(4) 加藤信夫・高田直也（2006）ベトナムにおける「安全野菜」と加工野菜の生産事情～一部品目で中国を補完する野菜供給地～　月刊野菜情報（http://vegetable.alic.go.jp/yasaijoho/kaigai/0610/kaigai1.html 2014.04.28）

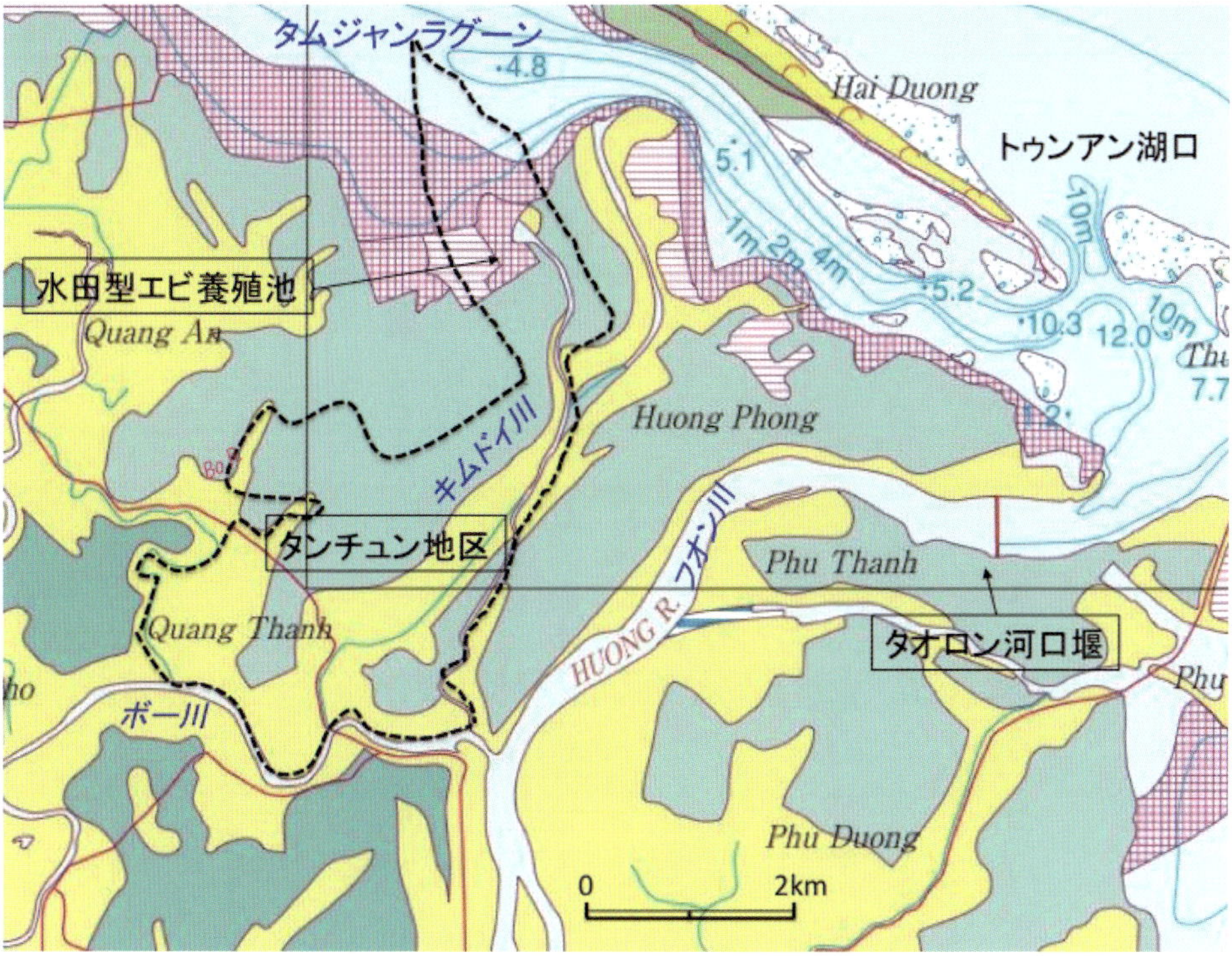

図３　クアンタン村およびその周辺の地形とエビ養殖池の分布
（破線で囲まれたところがクアンタン村、Hirai et al.(2004)[5] の地形分類図に加筆）

全野菜も、ダラット産のものが多く見られた。

これらの安全野菜は、一般に市場で売られている野菜に比べると、少し割高のようだ。しかし、ベトナムの料理は一般にコリアンダー（ベトナム語ではラウムイ）などの香菜ほか、生野菜を食することが多く、その安全性については一般の住民にも関心が高まっている。

安全野菜の栽培が盛んなクアンタン村

クアンタン村は、フエ市街地の北約七キロ、車で約三〇分の距離にある人口一万二六三〇人、水田と野菜畑が広がるフエ近郊農村の一つである（図３）。

村は、フエ市を流れるフオン川下流の、

(5) Hirai Yukihiro, Nguyen Van Lap and Ta Thi Kim Oanh(2004)A Geomorphological Survey Map of Hue Lagoon Area in the Middle Vietnam Showing Impacts and Sea-level Rise. Department of Geography, Senshu University.p62・63 の図

それに合流するボー川左岸側に位置する。南北に細長い村の北端部分は、タムジャンラグーンの湖岸に面し、そこには第6章で述べた湖岸型と水田型のエビ養殖池が広がっている。村内の南側と東側には、現在のボー川の河道およびかつてのボー川の旧河道であるキムドイ川に沿って、それぞれ幅約五〇〇メートル、比高〇・五～〇・七メートルの自然堤防が良く発達している（図3の黄色い部分）。クアンタン村およびその周辺には、そのような自然堤防と後背湿地が広がっているが、このうち後背湿地は、標高の違いと自然堤防の発達状況から、上位（濃い緑色）と下位（薄い緑色）の二種類に分けられる。このうちクアンタン村の大部分は、標高二・五～一・九メートルの、より低い下位の後背湿地となっている。

　この村では昔から野菜栽培が盛んで、その多くはフエ市に出荷されている。とくに村の中心部に近いタンチュン地区には、二七ヘクタールの野菜畑が分布し、各農家の庭先には、葉菜を主とした見事に手入れされた菜園が見られる（図4）。それだけでなく、この村に多いそれぞれの一族を祭る廟の前庭にも、敷地いっぱいに野菜が丁寧に植えられている（図5）。多くの農家は、このような菜園と水田を耕作しているが、庭先の菜園はいずれも一〇〇～二〇〇平方メートル程度の小規模なものである。しかし、野菜は年に何度も収穫可能で、市場に出してすぐに現金収入を得られることから、農家にとっては重要な収入源になっている。

　庭先で栽培される野菜は、先に延べたベトギャップの対象になってはいないが、各農家の判断で、従来よりも除草剤や殺虫剤の使用を控えたり、また有機肥料を利用したりしているそうだ。

安全野菜の集荷と販売の開始

タンチュン地区には、右に述べた個人の家や廟の周りの野菜畑のほか、村が二〇〇八年からプロジェクトとして取り組んでいる面積一・六ヘクタールの安全野菜専用の農園がある。この土地は、村の東側を流れるキムドイ川右岸の、さらにその東側の自然堤防との間の後背湿地の部分に当たる。一九九三〜九四年に、国家から個人に土地の配分が行われた後も、村の共有地としての水田だったところで、その一部で、村の共同事業として、安全野菜の生産を行うことにした。現在の安全野菜の畑の下流側には水田が、畑の向こう側の自然堤防の上には墓地が見える（図６）。

二〇〇八年には、専用の畑で安全野菜の生産が始まるとともに、村内の篤農家のひとりディン氏が、主としてこの農園での安全野菜を集荷、販売する会社を作った。初めは、事業としてあまりうまく行かなかったようだが、二〇一〇年からは政府の補助もあり、現在村内一二世帯の農家が、合計一・六ヘクタールの農園で、ベト

図４　クアンタン村タンチュン地区の農家の庭先の菜園（2012 年 7 月撮影）

図５　クアンタン村タンチュン地区の一族廟の敷地内の菜園（2012 年 7 月撮影）

図６　クアンタン村タンチュン地区の安全野菜の栽培農園（2012 年 7 月撮影）

図7　安全野菜の栽培農園で細かく手入れをする農民（2012年7月撮影）

図8　クアンタン村の「安全野菜」を集荷、出荷しているディン氏の会社の建物（2013年8月撮影）

ギャップの認証を受けて、四種類の野菜（レタスや香菜など）を作っている。

この場所は、ボー川の旧河道であるキムドイ川のすぐ脇で、地下水位が浅く、汚染されていない水が得られるため、灌漑に地下水を利用している。しかし、ここでは基本的に農薬を使用しないために、こまめな灌漑のほか、除草や防虫にたいへん手間がかかるそうだ。炎天下、移動式の日除けの陰で、黙々と作業に励む農民の姿が印象的だった（図7）。

右の会社を設立したディン氏は、もと村の幼稚園として使われていた建物を改造し、ここに村内の安全野菜を集荷し、中で洗浄、オゾン殺菌後、専用の袋に詰めて、主としてフエ市内に出荷している（図8）。また、それほど需要がないので、村のプロジェクト農園からは、各農家の生産の一割程度を、慣行野菜より一〜二割高く買い上げ、安全野菜として出荷している。それが、最初に紹介した、旧市街地にある小さなコープマートに並んでいる安全野菜である。残りは、地元の市場に、ほかの野菜と区別することなく出荷されているそうだ。このような取り組みは、まだ二年前に始まったばかりで、今後フエ市の近郊農村における安全野菜栽培がどう発展できるか、とても気になるところである。

エビ養殖池から水田への塩水侵入

図9　かつての水田を転用したエビ養殖池（2012年7月撮影）

右の安全野菜の栽培とは別に、クアンタン村での農業水利の現状や問題点について、関係者に聞き取り調査を行った。クアンタン村では、農業・用水管理に関わる2つの合作社（協同組合）がある。村の東および北部、すなわちキムドイ川沿いのキムタン合作社と、それより上流側のボー川沿いのプータン合作社の二つである。

このうちキムタン合作社は、前述のタンチュン地区を含む五集落（地区）からなり、組合員二一〇〇人、農地の総面積二三七ヘクタールで、そのうち水田が二〇四ヘクタール、野菜畑が三三ヘクタールとなっている。

この合作社が管理する最下流の水田は、かつての水田を転用したエビ養殖池に接している（図9）。二〇〇〇年十一月撮影のランドサット画像では、まだこの地区には水田型の養殖池は認められず、二〇〇三年四月撮影の同画像には、現在と同じ範囲がエビ養殖池に転換されている。したがって、先に第5章で見たように、トゥアティエン・フエ省でエビの生産量と養殖水面が急増したまさに

図10　水田型エビ養殖池（右側）に接する水田の端に新しく設置された排水機（2012年7月撮影）

その時期に、この地区でもラグーンの湖岸沿いの水田が、エビの養殖池に転換されたことがわかる。

しかし水田型養殖池と接する内陸側の水田では、養殖池で使用される塩水が、水田の方に侵入するために稲の収量が減少している。クアンタン村の一般の水田では、籾重量で三〇〇キロ／サオの収量があるのに対し、エビの養殖池に接する水田では、一期作目で二五〇キロ／サオ、二期作目で二〇〇キロ／サオしかないとのことであった。なお、サオとは、ベトナムで農地の基本的な広さの単位で、中部では一サオが四九七平方メートルに相当する(2)。また、この地域での稲の一期作目は、一二月一〇日～四月二〇日、二期作目が翌年五月～八月である。

水田と用水を管理する合作社では、塩水の影響を防ぐ対策として、塩水の影響を受けた水を強制排水するために、エビ養殖池に接する水田の末端に、新たに排水能力一〇〇〇立方メートル／時間のポンプを二〇一二年に設置した（図10）。今後、水田の塩分状況を見ながらポンプを稼働するとのことで、現地調査した二〇一二年七月には、写真のように簡単な覆いだけの仮設状態であった。

この排水機場を案内してくれたキムタン合作社のティ氏は、現場で排水されている水を自らなめて、塩分濃度は四‰程度、少なくても二‰～最大六‰だと断言した。翌日、この排水機場を管理している会社を訪ね、ポンプの運転状況とモニタリングしている水田内の塩分濃度について聞いたところ、現在の塩分濃度は二・

五‰と言うことであった。したがって、現地で案内してくれたティ氏の舌は、かなり正確だったわけである。なお、排水機場の管理会社の説明では、この場所の水田では、とくに乾季にあたる二期作目の作付け中に、用水の塩分濃度が最高八‰まで上昇するとのことで、現在は塩分濃度が一・五‰以上になると、排水ポンプを稼働しているそうだ。

新河口堰建設による川の水位上昇

一方、上流側に位置するプータン合作社は、村内四集落（地区）からなり、組合員三一一五人、農地の総面積三〇五ヘクタール、そのうち水田が二七四ヘクタール、野菜畑が三一ヘクタールである。この合作社では、二〇一一年の洪水で水田への取水堰が壊れたので、新しくその下流側に堰を設け、六〇〇〜七〇〇立法メートル／時間の能力のポンプ三台を有する取水施設を建設中であった（図11）。

一方、灌漑用水の取水源であるボー川の下流のフオン川河口に、新しいタオロン河口堰が、一九九八〜二〇〇〇年に完成し、フオン川およびそれに合流するボー川の水位が従来より上昇した。そのため、川の水位が水田より常に四〇〜五〇センチ高くなったため、六カ所の取水口に水門を設け、通常は閉めておく。そして二期作目が終わった八月末〜九月初旬から一二月一五日まで水門を開けて、一期作目のために水田に灌漑用水を入れるとのことであった。下流側のキムタン合作社での聞き取りでも、

図11　クアンタン村プータン組合の新しい堰と取水施設
（2012年7月撮影）

新タオロン河口堰の完成により、灌漑用水の取水地点での水位が上昇し、ポンプによる灌漑面積が減少し、自然流下による灌漑面積が増えたとのことであった。

しかし一方で、新タオロン河口堰完成後は、水位が上がった川で魚の養殖が始まった。また住民によるゴミの投棄や、周辺農家からの畜産（養豚）排水などによって、灌漑用水源としているボー川およびキムドイ川の水質の悪化が問題だとの発言もあった（図12）。

図12　クアンタン村の灌漑用水源の一つであるキムドン川（2012年7月撮影）

気候変動と農業、水問題

クアンタン村での水に関しては、右に述べたように、下流側では水田に隣接するエビ養殖池からの塩水侵入問題や、上流側では灌漑用水源になっている河川の水質汚染やゴミの投棄問題などが指摘された。また案内をしてくれたティ氏によると、近年は毎年のように一〇月～一二月に洪水が発生し、その問題も深刻であるとのことであった。

このうち、下流での塩水侵入や洪水については、今後の気候変動による海面の上昇や降水量・降水パターンの変化など、様々な問題が大きく関わってくると思われる。したがって、クアンタン村の農業や水利に関しても、排水ポンプの設置や水門改修など個別の対策に加え、将来の気候変動の影響を考慮したより長期的な視点から、エビ養殖と米の二期作、そして安全野菜の栽培など、村における土地利用や水利の総合的な対応戦略が必要である。

III 新たなツーリズムの芽生え

1993年に世界文化遺産となったフエ王城の中には、
二重の堀の他、大小40ほどの湖が見られる。

9　ベトナムのラムサール湿地とタムジャンラグーン

ベトナムでは、一九八八年に、北部の紅河デルタ河口のスアンテュイ自然湿地保護区のマングローブ林および干潟を、国内最初のラムサール条約の登録湿地とし、翌八九年に同条約締約国となった。その後、二〇〇五年に南部のバウサウ（ワニ湖）地区の湿地および季節性氾濫原を、そして一一年には東北部にある国内最大の自然山岳湖沼バーベー湖を、翌一二年に南部メコンデルタのチャムチム国立公園のリード（ヨシ）湿地平原と、カマウ岬国立公園のマングローブ林および潮間帯干潟をそれぞれラムサール条約に登録した。さらに一三年には、メコンデルタ沖合の一四の群島からなるコンダオ国立公園が登録された。一四年一〇月現在、ベトナム国内のラムサール条約の登録湿地は、この六カ所である（図1、表1）。

ベトナムでは、一九八六年に始まったドイモイ政策以降、国土の急速な開発によって自然湿地が急速に消失した。そのような状況下で、あらためて湿地の価値や機能が注目され、近年では湿地の保護やマングローブ林の再生活動なども各地で始まり、湿地そのものが新しいツーリズムの対象にもなっている。フエのタムジャンラグーンも、同条約の登録湿地の候補地の一つになっており、最近ではラグーンの一部でマングローブの保護や植林活動も実施されている。

そこで本章では、まず現在のベトナム国内のラムサール条約登録湿地（以後本章では、ラムサール湿地と表記する）の現状について、とくにツーリズムとの関連から紹介し、ついでベトナムにおける自然保護の歩

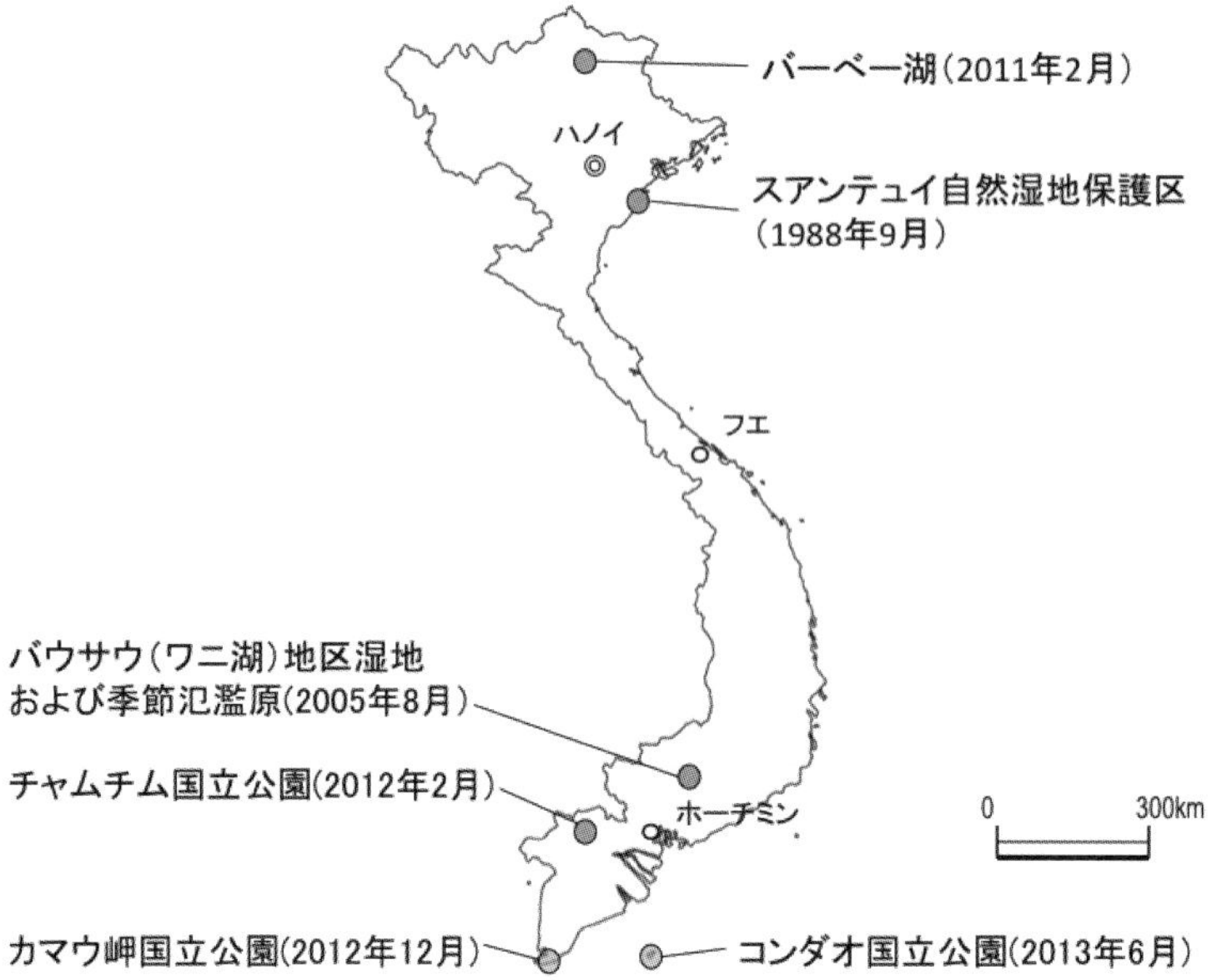

図1　ベトナムのラムサール条約登録湿地
（ラムサール条約事務局の資料より作成）

表1　ベトナムのラムサール条約登録湿地

登録番号	名称	登録年月日	所在地	面積（ha）	特徴的景観
409	スアンテュイ自然湿地保全地区	1988年9月20日	紅河デルタ河口ナムディン省	12,000	マングローブおよび干潟
1499	バウサウ（ワニ湖）地区湿地および季節的氾濫原	2005年8月4日	東南部ドンナイ省	13,759	湿地および季節的氾濫原
1938	バーベー湖	2011年2月2日	北東部バクカン省	10,048	自然山岳湖沼、山地カルスト
2000	チャムチム国立公園	2012年2月2日	メコンデルタドンタップ省	7,313	リード湿地平原
2088	カマウ岬国立公園	2012年12月13日	最南端カマウ省	41,862	マングローブおよび干潟
2203	コンダオ国立公園	2013年6月18日	メコンデルタ沖	19,991	群島、珊瑚礁および海草原

みについて概観する。そして、フエのタムジャンラグーンに残されているマングローブ林保護区を訪ね、その現状について報告したい。

ベトナムのラムサール湿地

スアンテュイ自然湿地保護区

ベトナム北部、紅河デルタの河口海岸地帯に広がるスアンテュイ自然湿地保護区は、マングローブおよび干潟の貴重な生態系の一部で、一九八八年ベトナム最初のラムサール湿地となった(1)。

二〇一二年以降の登録地はいずれも国立公園の名称になっているが、スアンテュイ自然湿地保護区を最初の登録地として申請した一九八六年時点では、ここがまだ国立公園になっていなかったため、「自然湿地保護区」という名称で登録された。ベトナムの国立公園は後で述べるように、ドイモイ政策開始以降に急速に増えたが、本保護区も二〇〇三年に国立公園に指定され、さらに〇八年には本地区を含む紅河デルタ海岸部が、ユネスコの紅河生物圏保護区の中核ゾーンとして認定された。

現在ここには、二五〇種の野鳥が見られるが、その中にはＩＵＣＮ（国際自然保護連合）のレッドリストに載っている九種の絶滅危惧種も含まれている。とくに、全世界で一〇〇〇羽ほどしかいないとされるクロツラヘラサギ（Black-faced spoonbill）が、渡りの季節に七十羽前後が見られ、スアンテュイ国立公園のシンボルにも選ばれている(2)。筆者は二〇〇二年にこの

---

(1) XUZN THUY NATIONAL WETLAND RESERVE（https://rsis.ramsar.org/ris/409 2014.10.13）

(2) Xuan Thuy National Park（http://en.wikipedia.org/wiki/Xuân_Thủy_National_Park 2014.10.13）

ラムサール湿地を訪ねたが、ハノイから車で約三時間かかり、周辺には宿泊施設など未整備だったため、右のような貴重な野鳥観察などのツーリズムが盛んに行われているという状況ではなかった。ただ、紅河の文字どおり紅い水と、近年国際的NGOの協力で植林されたマングローブ林の緑が対照的で、とても印象に残った（図2）。

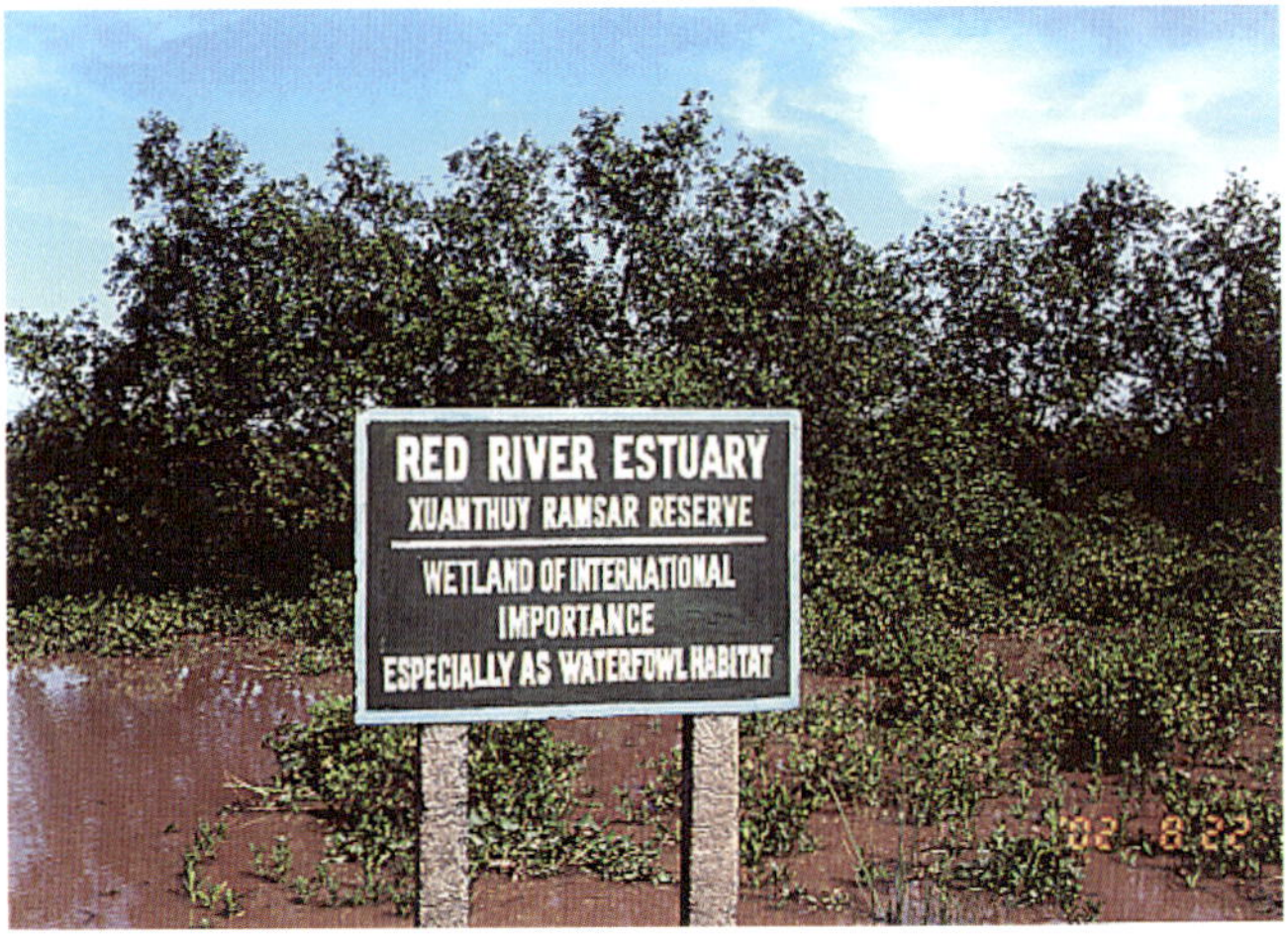

図2　紅河デルタ河口のスアンテュイ自然湿地保護区ラムサール湿地（2002年8月撮影）

バウサウ（ワニ湖）地区湿地および季節性氾濫原

ベトナム南部ホーチミン市の北東約一五〇キロに位置するカッテン国立公園内の、バウサウ（ワニ湖）地区湿地および季節性氾濫原は、ホーチミン市でサイゴン川と合流するドンナイ川の上流部で、二〇〇五年ベトナムで二番目のラムサール湿地となった(3)。

ここも、二〇〇一年にユネスコの生物圏保護区に指定されているが、生物多様性の保全だけでなく、ドンナイ川下流域の洪水制御や発電用ダム湖への水の供給など、地域の社会経済にとっても重要とされている(4)。

ただし、バウサウ地区に行くには、カッテン国立公園の管理センターから車かモータバイクで九キロ、そこからさらに五キロ以上森の中を歩かなければならず、現在のところここを対象としたツーリズムは限定的のようである。

(3) BAU SAU（https://rsis.ramsar.org/ris/1499 2014.10.13）
(4) Crockdile Lake ? the second Ramsar site in Vietnam（http://english.vietnamnet.vn/fms/travel/102074/crocodile-lake---the-second-ramsar-site-in-vietnam.html 2013.10.13）

バーベー湖

ベトナム北東部バクカン省の山岳地帯にあるバーベー湖は、周囲約七キロ、面積六・五平方キロ、最大水深二九メートル、水面標高一四五メートル[5]の、ベトナムでは最大の自然山岳湖沼で、二〇一一年二月に国内三番目のラムサール湿地となった[6]。

このバーベー湖を含むバーベー国立公園は、ハノイから北におよそ二六〇キロも離れているが、ハノイから一泊二日～二泊三日で、バーベ湖や周辺のカルスト山地特有の滝や鍾乳洞、清澄な川、そして少数民族の集落を訪ねるツアーが数多く設定されている。

ベトナムニュース紙の旅行面にも、「バーベー湖の孤立した少数民族の人々は、古い生活スタイルを育んでいる」と題した全面記事が、「失われた世界」と題した写真付きで掲載されていた[7]。

バーベー湖は、貴重な水生動物の生息域になっているが、右の各種ツアーや新聞記事には、ラムサール条約に関する意義はほとんど触れられていない。ラムサール事務局のウェッブサイトの説明には、「インフラの整備や、野鳥の狩猟、燃料採取、固形廃棄物による汚染、農業のための森林伐採などが、登録地にとって脅威となっている[6]」と記されており、湿地をめぐるツーリズムと湿地保全との調整が必要のようである。

チャムチム国立公園

ベトナム南部、メコンデルタのカンボジアとの国境に近いドンタップ省にあるチャムチム国立公園は、かつてはデルタの約七〇万ヘクタールを覆っていたヨシ平原湿地生態系の最後の残存地で、その

---

(5) Ba Be Lake（http://en.wikipedia.org/wiki/Ba_Bể_Lake 2014.10.13）
(6) BA BE NATIONAL PARK（https://rsis.ramsar.org/ris/1938 2014.10.13）
(7) **Viet Nam News**, 27 April, 2012.

七三〇〇㌶が二〇一二年二月に世界で二〇〇〇番目のラムサール条約の登録湿地となった(8)。

ここには二百数十種の野鳥が見られるが、その中でもとくにＩＵＣＮのレッドリストに掲載されているオオツル（Sarus Crane）が有名である。この国立公園一帯は、その貯水容量の巨大さから、メコンデルタの下流域における洪水と干ばつ被害の軽減に役立っている。公園の美しい景観は、海外からの観光客も引きつけ、またアメリカ（ベトナム）戦争時には、多くの戦闘がこの平原で行われたため、歴史的価値もある(8)。

ベトナム政府によって自然博物館およびエコツーリズムの魅力的な場所として、公園の修復とインフラ整備のための投資が行われてきた。そのため、インターネットでは、数多くの観光関連のサイトが検索できる。

カマウ岬国立公園

ベトナムの最南端に位置するカマウ岬国立公園は、東海（南シナ海）と西海（タイランド湾）とを分かつ広大な潮間帯干潟と、メコンデルタに残存する最大面積のマングローブ林からなり、二〇一二年十二月にベトナムで五番目のラムサール湿地となった(9)。

もともと、カマウ岬一帯は約一六〇万㌶の自然湿地だったが、アメリカ（ベトナム）戦争およびその後の養殖池や農地への転換によって、マングローブ林の大半が失われた。しかし、一九九〇年代後半にエビの生産が減少した後、マングローブ林再生への取り組みが始まり、現在公園内の養殖池のほとんどはすでに放棄され、マングローブの植林地となっている(9)。

ここは、二つの異なる潮汐型が相互に作用し合う国内唯一の場所で、埋積作用によって湿地面積

(8) TRAM CHIM NATIONAL PARK（https://rsis.ramsar.org/ris/2000 2014.10.13）
(9) MUI CA MAU NATIONAL PARK（https://rsis.ramsar.org/ris/2088 2014.10.13）

が年々拡大しており、バタグールガメ、スマトラカワウソ、クロツラヘラサギなどの絶滅危惧種をはじめ、数多くの種にとって良好な生息地となっている(9)。

カマウ岬には、カマウ省の省都カマウ市から、約五十キロ離れた国道一号線の終点ナムカンまで行き、そこからモーターボートで水路を一時間以上かけて行かなければならず、現在のところこの地を目指すツーリズムが、とくに盛んであるというわけではないようだ。

コンダオ国立公園

メコンデルタの海岸から約八〇キロ南東沖合の、一四の群島からなるコンダオ群島地域が、二〇一三年六月にベトナム六番目のラムサール湿地となった(10)。

ここでは、海岸のメラルーカ林やマングローブ林のほか、三五五種のサンゴが記録され、そのうち五六種は、ＩＵＣＮのレッドリストに載る貴重種である。群島中のロン島は、一九世紀に当時のフランス植民政府によって流刑地として開発され、現在その刑務所は、国の歴史的サイトとして保存されている(10)。

コンダオ国立公園は、ベトナムの中では比較的早い一九九三年に国立公園に指定され、ホーチミン市と四五分の空路で結ばれ、多くのリゾートホテルもある。今回新たにラムサール条約の登録湿地となったことで、豊かな島の自然をアピールしたツーリズムと、ＩＵＣＮのレッドリストに掲載されたマングローブやサンゴの保全活動との共存が問われる。

---

(10) CON DAO NATIONAL PARK（https://rsis.ramsar.org/ris/2203 2014.10.13）

ベトナムでのラムサール湿地の位置づけ

右に紹介したように、ベトナムの六カ所のラムサール湿地のうち、最初の登録地である紅河のスアンテュイ自然湿地保護区、南部のカッテン国立公園内のバウサウ（ワニ湖）地区湿地および季節性氾濫原、そしてメコンデルタのカマウ岬国立公園は、いずれもユネスコの生物圏保護区に指定されており、国立公園と言っても生態学上重要な場所と言う意味合いが大きい。一方で、ハノイ北方のバーベー国立公園、メコンデルタのチャムチム国立公園、メコンデルタ沖合のコンダウ国立公園の三カ所は、マスコミでも盛んに取り上げられ、ホームページでも観光関連の多くの情報が充実し、生物多様性の保護と観光による地域振興という二つの側面を持っている。

ここで以下に、ベトナムがラムサール条約締約国になる前後の、国内における自然環境、とくに湿地保護の歩みについて整理しておきたい。

Duc（1989）[11]によると、一九七六年に南北ベトナムが統一され、その五年後の八一年、国は「自然資源の合理的利用と環境保護に関する委員会」を設置し、ＩＵＣＮと協力し「ベトナムのための国家自然保護戦略」を起草した。そして、八二年～八五年に、メコンデルタにおけるマングローブ林とメラルーカ林に関する生態学および動植物相の研究や、デルタにおける湿地の賢明な開発の視点から、メコンデルタのゾーニングと開発計画について議論された。

一九八五年には、五カ所の国立公園と全国八二の自然保護区の包括的なシステムを確立することを宣言した。その総面積は約一〇〇万ヘクタールで、国土面積の三％に相当する。翌八六年には、「自然保

（11）Duc, L.D.(1989) Socialist Republic of Vietnam. in *A directory of Asian Wetland* edited by D.A.Scott, IUCN, Cla27,nd, Switerl; 749-793.

護国家委員会」を設立し、野生動物保護の協力のため、ＩＵＣＮおよびカンボジア、ラオスとの国際協定を締結した(11)。

一九八七年には、全国の湿地帯の合理的利用のための政策を提出し、全国で八カ所の湿地保護区を公表した。その八カ所とは、北部のバーベー湖とヌイコックダム湖、そしてメコンデルタの六カ所の湿地、すなわちドンタップムオイ地区のチャムチムオオツル保護区、大型の水鳥の繁殖地であるバックリュウ、カイヌオック、ダムドイの各保護区と、ナムカンマングローブ保護区、そしてボドイメラルーカ保護林である。なお、ベトナム最初のラムサール湿地となった紅河デルタのスアンテュイ自然湿地保護区は、すでに一九八六年に自然湿地保護区として条約に登録申請中であった。

その後ベトナムは、一九八九年にラムサール条約の締約国となり、九一年には「環境と持続的開発への国家計画」および「熱帯林行動計画」を策定した(12)。九二年の地球サミットで採択された生物多様性国際条約については、翌九四年に条約に署名し条約締約国となった。そして九五年には、ベトナムにおける最初の包括的な環境計画となる「生物多様性行動計画」をまとめた。これには、林業、野生生物、湿地および淡水系、海洋問題、農業の多様性、公害などの項目が含まれており、現在でもベトナムでの自然保護計画において、きわめて重要な役割を果たしている(12)。

先のDuc（1989）の論文の後半には、ベトナムの重要湿地三三カ所について、それぞれの湿地の位置や面積、標高、生物地理学的区分、湿地タイプが記され、湿地の地理的概要、気候条件、重要な植生、土地保有、保全対策、土地利用、障害や脅威、経済的・社会的価値観などが、一〜三ページにわたって記載されている。

この重要湿地リストには、一九八七年に公表された八カ所の湿地保護区も当然含まれており、そ

(12) Sterling,E.J., Hurley, M.M. and Minh, L.D.（2006）*Vietnam: a natural history*. Yale University Press New Haven and London, 423p.

のうちバーベー湖、ドンタップムオイ地区のオオツル保護区、ナムカンマングローブ保護区（カマウ岬）の三カ所は、先に紹介したように二〇一一年～一二年に相次いでラムサール湿地となった。その他の三カ所のラムサール湿地も、この重要湿地のリストに掲載されている。

このようなベトナムでの湿地保護に関する経過を見ると、ベトナムのラムサール湿地は、国の主導で国内の湿地保護政策の一環として、位置づけられていると考えられる。ただし、それぞれの湿地の登録後に、条件の整った場所は近年のツーリズムとの関連で、地域振興という意味も付加されたと解釈できる。

ラムサール湿地と国立公園、自然保護区の関係

ベトナムにおけるラムサール湿地は、現在全てベトナムの国立公園の中に含まれる。そして、国立公園は全て国が指定した自然保護区に含まれている。そこで以下では、まずベトナムにおける国立公園について整理しておきたい。

二〇一四年六月現在、ベトナムの国立公園は三〇カ所である。日本では、二〇一四年三月に沖縄県の慶良間諸島国立公園が加わって、国立公園は現在三一カ所で、両国ともほぼ同じ数である。

ベトナム最初の国立公園は、アメリカ（ベトナム）戦争中の一九六六年に指定された、ハノイの南約一〇〇キロにあるコックフウン国立公園である。その後二〇年間はそのままで、二番目以降の国立公園は、ドイモイ政策が始まった一九八六年に二カ所、そして一九九〇年代に九カ所、二〇〇〇年代になって一八カ所と急速に増えた。

これらの国立公園の面積は、ラムサール湿地になっているスアンテュイ国立公園、バーベー国立公園、チャ

ムチム国立公園などが、それぞれ約七〇〇〇ヘクタール前後と小さく、最大はヨックドン国立公園の一一万五千ヘクタールで、そのほか多くは数万ヘクタールである。日本の国立公園も、原則として面積三万ヘクタール以上となっており、ほぼ同じ状況と言える。

一方、Duc（1989）の論文(11)で、ベトナムの重要湿地としてリストアップされた三三カ所には、現在ラムサール条約に登録されている六カ所はもちろん、ラムサール条約には登録されていないが、国立公園になっている湿地二カ所、国立公園にはなっていないが、国の自然保護区になっている湿地三カ所が含まれる。その他一九カ所は、国立公園に指定されず、自然保護区にも含まれない湿地である。

右に述べたような、ラムサール湿地と国立公園および自然保護区との関係から、ベトナムで現在までラムサール条約に登録されたのは、ある程度面積が大きく（約七〇〇〇ヘクタール以上）、国の自然保護区に登録され、国立公園になったところであることがわかる。ベトナムの重要湿地リストに掲載され、国立公園にも指定されているが、まだラムサール条約には登録されていない湿地は、メコンデルタのカマウ省にあるメラルーカ林に覆われたウーミンハー国立公園と、ハロン湾に浮かぶ島のカットバ国立公園の二カ所である。二〇一二年にカマウ岬国立公園が、そして一三年にメコンデルタ沖合のコンダオ国立公園がそれぞれラムサール条約に登録された経過を見ると、右のウーミンハー国立公園とカットバ国立公園も、いずれ近い将来ラムサール条約の登録湿地となる可能性が高い。

候補地としてのタムジャンラグーン

一方、ベトナムの重要湿地リストにあるが、自然保護区になっていない湿地は、自然の淡水湖沼（面積はいずれも数百ヘクタール程度）八カ所と、海岸の自然湖沼（面積は数千ヘクタール）六カ所、およびダム湖三カ所、そしてメコンデルタの局所的なマングローブ林二カ所が含まれる。これらは、面積がごく小さかったり、漁業やその他の資源利用が盛んなために自然保護対策が不十分などの理由で、現段階では自然保護区にはなっていないと考えられる。トゥアティエン・フエ省のタムジャンラグーンも、右の海岸の自然湖沼六カ所の一つで、ベトナムの重要湿地リストに挙げられているが、現時点では自然保護区に指定されていない。Duc (1989) の重要湿地リストでは、重要な植生やカモ・チドリ類などの渡り鳥にとって、主要な滞在および越冬地になっていることが記載されている。しかし、同時に湖口の閉塞によるラグーンの塩分濃度の低下や、漁業資源の乱獲の問題も指摘されている。

その後一九九七〜九八年に、本地域を湿地保護区とする可能性について、自然条件および社会経済条件の両側面から評価が行われた。その概要報告書(13)でも、過剰な漁業、養殖池の造成、農地干拓などによって、ラグーンの海草・海藻や湿地が減少し、自然の景観美が失われていること、また固定された漁具や養殖池によって水の交換が悪化し、水質汚染を加速させていることなどが、課題とされている。それに対し、自然保護のための計画やゾーニング、管理組織の設立、保護区のための規則や制度の創設、コミュニティ教育や国際協力の必要性が指摘されている。そして、自然保護を達成することで、ラグーンでの持続的な資源の利用やエコツーリズムの発展、自然災害の軽減などを通して、今後大きな利益を生み出す可能性について提言している。

これに対し、二〇〇五年から七年間、第六章で述べたようにＩＭＯＬＡプロジェクトが実施された。その結果、ラグーンでの持続的資源利用のための養殖の規制などが行われ、一部では、ＮＧＯ団体などによるラグーン湖岸でのマングローブの植林や、エコツーリズムの推進などの活動

(13) People’s Committee of Thua Thien- Hue Provine（1998）Abstracted report of the project Estimation on the potential and proposal of the Wetland Protected Area For The Tham Giang- Cau Hai Lagoon. 17p.

も見られるようになった。そこで最後に、タムジャンラグーン湖岸のフンフォン村でのマングローブ林の保護と、新たなツーリズムについて紹介しよう。

マングローブ保護区とエコツーリズム

かつてタムジャンラグーンには、その北西端のオーロウ川河口域ほかの湖岸に湿地帯があったが、いずれも水田開発や養殖池の開発によって、ほとんど残っていない。一九六〇年代の地形図を見ても現在の状況とそれほど変わらず、湖岸の湿地やマングローブ林の開発がかなり古いか、もともと広大な湿地やマングローブ林が発達するような条件がなかったのかも知れない。

　しかし、タムジャンラグーンでも一カ所だけ、マングローブ保護区に指定され、ツーリズムの対象として関心が高まっている場所がある。フオン川の河口左岸のフンフォン村の、ラグーンに面するルチャ（ベトナム語でマングローブの意）の森である（図3）。フエの市街地から北に車で一五分ほど進み、フオン川のタオロン河口堰の新しい橋を渡ると、やがて水田地帯の右手にこんもりとした緑のルチャの森が見えてくる。このルチャの森は、現在は広さ五・二四ヘクタールで、第6章で紹介した湖岸型と水

図3　マングローブの木々がこんもりと覆うルチャの森（2012 年 10 月撮影）

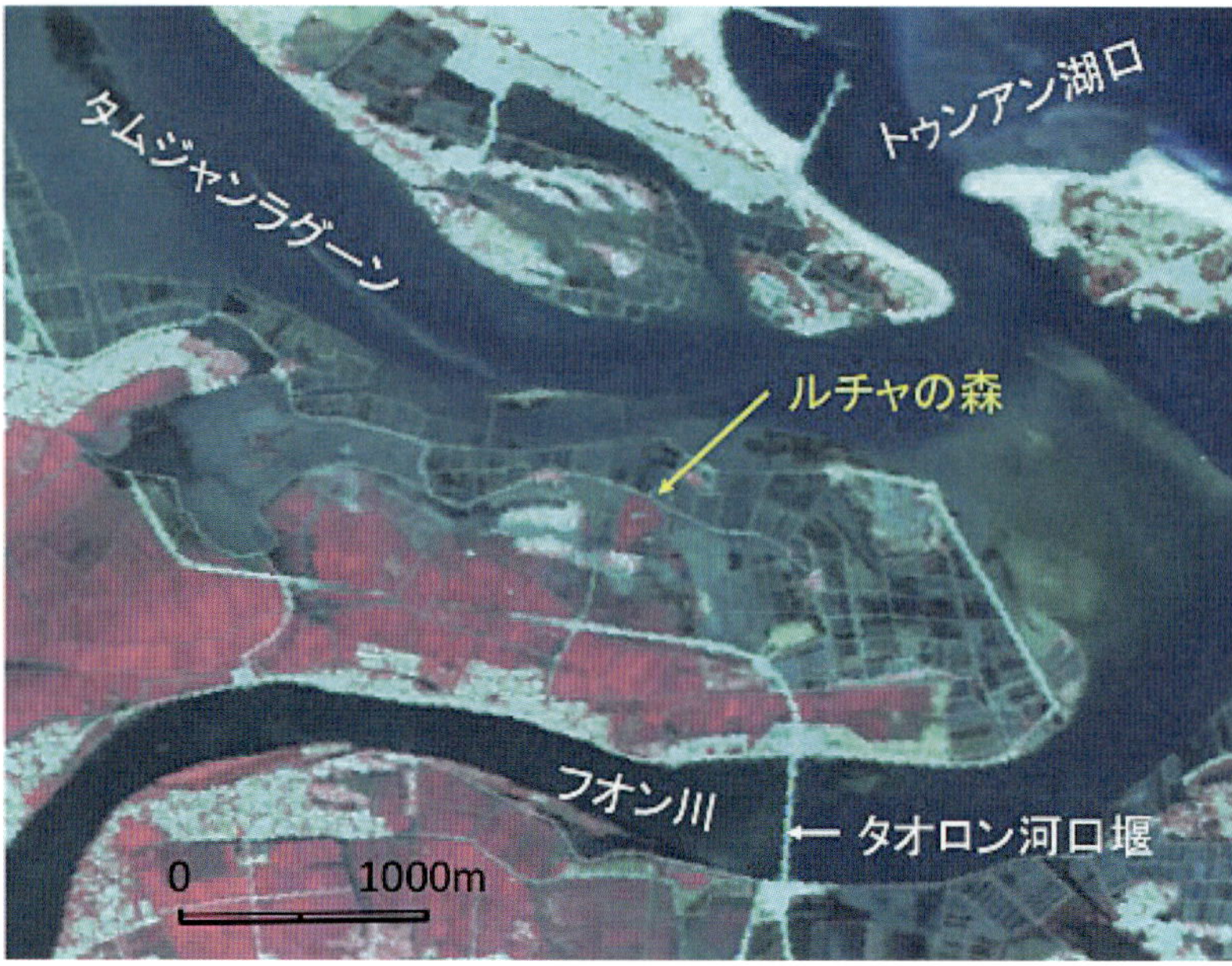

図4　タムジャンラグーンの湖岸に残るルチャの森
（2009年6月30日撮影のALOS AVNIR-2のフォルスカラー画像に加筆、ルチャの森以外の赤く写っている部分は水田、ルチャの森周辺の格子模様の部分はエビ養殖池）

田型のエビ養殖池に囲まれている（図4）。しかし、一九六〇年代の地形図(14)を見ると、森の面積は今の約一・五倍で、北側と西側はラグーンに面していたことがわかる（図5）。

先に述べたIMOLAプロジェクトでは、ラグーンの環境保全のために数カ所の保護区が設定されたが、フンフォン村のマングローブ林もその一つである(15)。そして、そのサブプロジェクトの一つとして、ルチャの森を再生・拡大するために、マングローブほかの種子を集めて圃場を作り、幼木を育てたりしている(16)。

またWWF（世界自然保護基金）とマイクロソフトは共同で、二〇一二年から二年間フンフォン

（14）The Vietnam Center and Archive（http://www.vietnam.ttu.edu/ 2014.10.13）
（15）Baku Takahashi and Arie Pieter van Dujin（2012）*Operationalizing fisheries co-management Lessons learned from lagoon fisheries co-management in Thua Thien Hue Province, Viet Nam*. FAO Regional Office for Asis and the Pacific, Bangkok, 131p.
（16）Pham Nguc Dung and Hoang Cong Tim (2011) Production and Plantation of Mangrove Trees in Ru Cha, Huong Phong Commune in IMOLA > e-libraly > Reports（http:www.:molahue.org/repurts.html 2012.03.17）

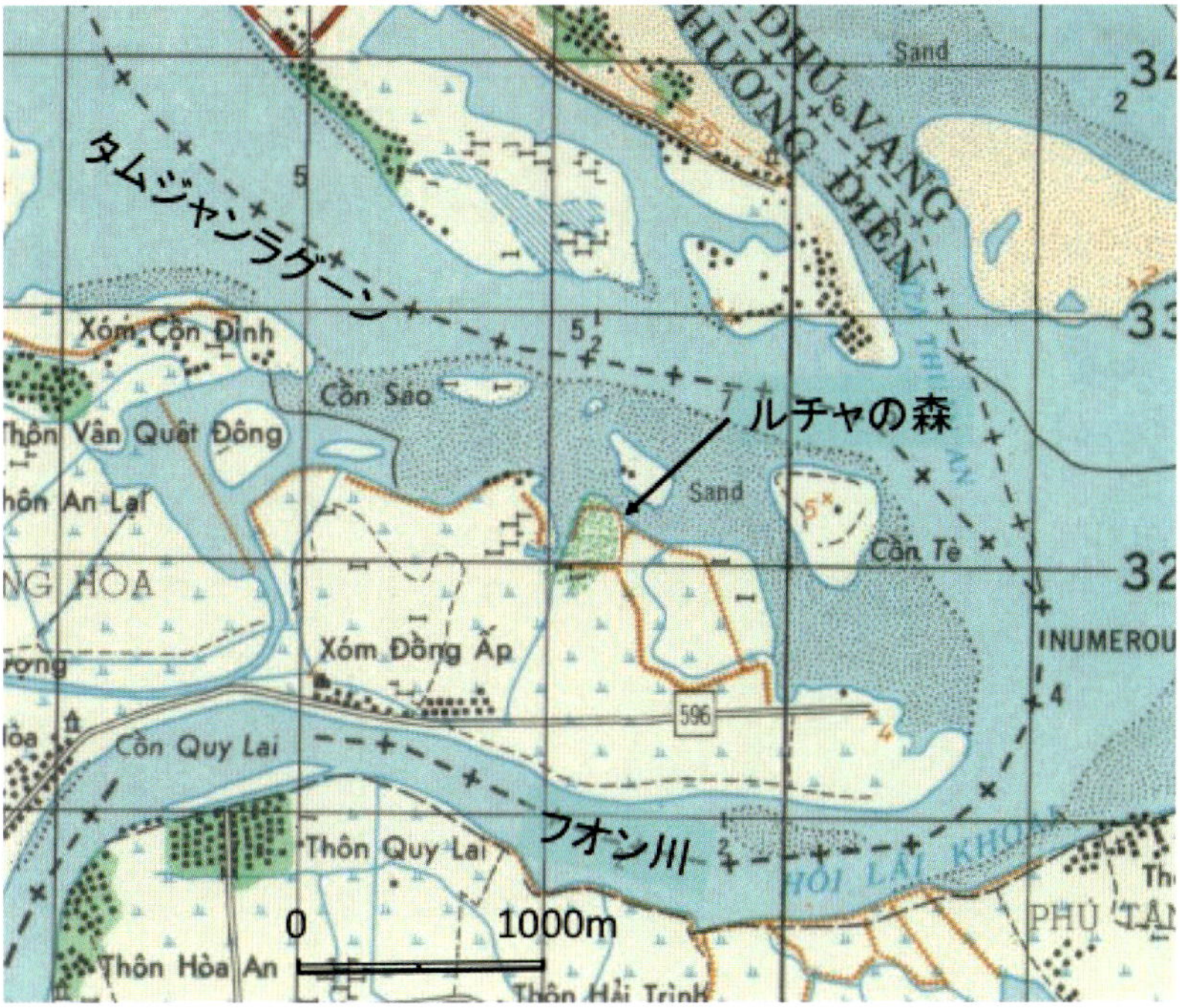

図５　1960 年代発行の５万分の１地形図に描かれたルチャの森
（旧米国陸軍地図局 U.S. Army Map Service 作成の 1/50,000 地形図 PHU VANG (14)、地図情報は 1968 年）

村で、二万三〇〇〇本以上のマングローブの植林事業を実施した(17)。ルチャの森は、湖岸の水生生物やその他の生き物にとって重要であるだけでなく、フンフォン村の地域住民にとっても、大洪水時の避難場所として大きな意味を持っている。そこで、生物多様性の保全と気候変動への対応のために、マングローブの森を豊かすることを目的として、地域住民が主体となって植林が行われた。

マングローブの半数以上は、地域住民の持っている養殖池に植林されたが、それによって水質の浄化や、魚、エビ、カニなどの住民の食料となる生物の生息環境が改善された。また新しいマングローブの森が育てば、今後の嵐や洪水による海岸侵食の防止や、住民の安全性の向上もたらすであろう(17)。

地元では、この森を地域の象徴として、

（17）WWF Global（http://wwf.panda.org/who_we_are/wwf_offices/vietnam/?224233/WWF-and-Microsoft-joined-forces-to-help-local-people-in-Thua-Thien-Hue-adapt-to-climate-change-impacts-and-have-more-secure-livelihoods-Vietnam 2014.12.02）

図６　ルチャの森の内部（2013 年 3 月撮影）
中央奥に古い寺の跡があるが、9 ～ 11 月の雨季には水位が 1 m半ほど上昇して、森全体にエビや魚があふれる。

生態学的価値とともに歴史・文化的な意味も含めて保護区とし、今後のツーリズムの対象として利用したいと考えているようだ。現在は、道路沿いにルチャの森を紹介する大きな看板が設置され、道路からルチャの森に続く細い遊歩道が設けられており、ベトナムニュース紙にも、このルチャの森に関する記事が大きく載っていた(18)。

それによると、この森の端の小さな家に住む六七歳と六〇歳のグエン夫妻が、このマングローブの森が伐採で破壊されないようにずっと管理をしてきたこと、フランス抵抗戦争の間、森は植民地軍から逃れるゲリラの隠れ家だったこと、さらにアメリカ（ベトナム）戦争では米軍の爆撃からの、住民の避難場所だったことなどが紹介されている。森の中央には古い寺があって、そこには今も地元の人々が祈るために訪れるそうだ（図６）。

第１章で述べた一九九九年の大洪水の時、洪水は多くの家を一掃したが、住民たちはこの森に駆けつけて、大きな木の下に身を寄せて避難したことも紹介されている。

このルチャの森の東側のラグーンの湖岸では、フエのＮＧＯであるＣＳＲＤ（社会調査開発センター）によるマングローブ植林活動も行われている（図７、図８）。これは、途上国での気候変動

(18) **Viet Nam News**, 27 May, 2012.

への地域の適応力を高めるためのＡＤＡＰＴＳ（流域適応戦略）プロジェクトの一環として、二〇〇九年〜一〇年に実施されたものである[19][20]。また、その近くの湖岸には、ラグーンで獲れた魚介類を料理して食べさせる質素な小屋がいくつもあって、地元の人で夜遅くまで賑わっている（図9）。

タムジャンラグーンの将来

フエのタムジャンラグーンは、第5章、第6章で述べたように、ラグーンの水面および湖岸

図7　タムジャンラグーン湖岸のマングローブ植林地にある ADAPTS プログラムの看板（2013 年 3 月撮影）

図8　タムジャンラグーン湖岸のマングローブ植林地（2013 年 3 月撮影）

(19) ADAPTS（http://www.deltacities.com/documents/Fact_Sheet_ADAPTS_Vietnam.pdf 2014.12.02）
(20) CSRD（http://www.bothends.org/uploaded_files/inlineitem/factsheet_ADAPTS_Vietnam_11-2010.pdf 2014.12.02）

地帯でのエビ養殖が盛んで、それによる解決すべき環境問題も多く抱えている。そのため、一九九七年〜九八年に湿地保護区とする可能性評価が行われたが、現時点ではまだ国の自然保護区とはなっていない。ラムサール条約の登録湿地になるには、さらに国立公園に指定されるのも必須と考えられる。したがって、タムジャンラグーンが近い将来、ラムサール条約に登録される可能性はかなり小さいと言わざるを得ない。

しかし、ここに紹介したフンフォン村のルチャの森のように、部分的ではあるが近年、湖岸のマングローブの保全・再生活動や、エビ養殖を生態系に配慮した環境への負荷の少ない方法に改善するなどの取り組みが始まった。また、第10章で紹介するいくつかの事例のように、ラグーンやその近隣地区での、地域の自然や文化を対象とした新しいツーリズムも見られるようになった。これらを少しずつ積み上げることで、このベトナム最大の汽水性湖沼であるタムジャンラグーンの、自然保護とワイズユースにつながると考える。その結果として、いつの日かタムジャンラグーンが、ラムサール条約の登録湿地となることを期待したい。

図9　ラグーンの湖岸にある小さな水上レストラン（2013年3月撮影）

10　伝統的集落の再生とツーリズム――フックティック村

フエ市では、グエン王朝の旧王宮を中心とした従来からの観光に加え、二年に一度開かれるフェスティバル・フエの二〇〇六年、〇八年頃より、新しい形のツーリズムが注目されるようになった。すなわち、近郊の農村や漁村の自然、そこでの人々の生活や文化に触れ、交流をめざす旅である。その企画や運営には、日本のＪＩＣＡ（国際協力機構）から派遣された青年海外協力隊の隊員や、シニア海外ボランティアの方も深く関わっている。

タンテュイ村のタントアン屋根付き橋

フエ市東方の水田地帯にあるタンテュイ村のタントアン橋へのツアーは、そのような新しい形の観光のひとつとして注目されている。この村でも、日本の青年海外協力隊の隊員が、村の観光の振興に関わっている。

フエ市中心から東に約八キロ離れたタンテュイ村には、タントアン橋と言う瓦屋根付きの優雅な橋が残されている（図1）。欧米の多くの観光ガイドブックやホームページには、この橋について、Japanese bridge として紹介しているが、この橋は日本または日本人とは全く無関係である。フエより約一一〇キロ南にある世界文化遺産の街ホイアンの有名な「来遠橋（日本橋）」に似ていることから、間違ってそう呼ばれているようだ。

図１　水田地帯の真ん中にあるタンテュイ村のタントアン橋（2012 年 4 月撮影）

来遠橋は、一五九三年に日本人が建設したと伝えられ、ベトナムの二万ドン札（約百円）の裏側にも、その姿が描かれている。

一方タンテュイ村のタントアン橋は、村の出身で当時のマンダリン（高級官吏）の夫人となったチャンティダオと言う女性が、村人の交通や交流のために、自ら資金を出して一七七六年に造ったとされる。一九二五年には、グエン王朝第十二代皇帝カイディエン帝が、その夫人に称号を贈り、村人に彼女を祈念する祭壇を設けるよう命じたそうである。一九九〇年には、国の遺産に指定された。

橋は全部で七区画に分かれ、中央の区画の上流側に夫人を祭る祭壇が設置されている。この祭壇とその正面をのぞく橋の両脇には、幅約三〇センチのベンチが設けられており、そこでは村の婦人たちが話し込んだり、お年寄りが昼寝したり、屋根付き橋の上は村のサロン、または最高の涼みどころになっている（図２）。なお、こちらの橋も、二〇一二年のフェスティバル・フエ開催に合わせて、ＶＮＰＴ（ベトナム郵電公社）の二〇〇〇ドン（約十円）の記念切手として発行された（図３）。

橋の南側には村の市場と広場があり、大勢の村人が食料品や雑貨の売買をしている。広場には、わずかばかりの飲み物を提供する屋台が数軒あるのみで、外から観光にやってくる人のための施設はとくにない。ここでは、屋根付き橋は観光資源と言うよりも、村人の生活の中心にあり、普段の暮らしと深く結びついている。それが、この橋の最大の魅力でもある。

二〇一二年のフェスティバル・フエの期間には、この村で「地方の市場祭り」が開かれた。そこでは、地元の食事が振る舞われ、農機具や漁具などの展示、ヤシの葉の帽子の手作り実演と販売がなされ、また橋の下手側を流れる川で、ボートレースも行われた(1)。

図2　タントアン橋の屋根の下では、両脇のあるベンチで村人がくつろいでいる（2012年4月撮影）

図3　2012年のフェスティバル・フエに合わせて発行された2000ドンの記念切手

図4　ヴィンアン村の道沿いにあるタムジャンラグーンのエコツアーの看板（2013年8月撮影）

タムジャンラグーンでのエコツアー

トゥアティエン・フエ省の文化スポーツ・観光局に、シニア海外ボランティアで観光促進アドバイザーとして来ているO氏は、タムジャンラグーンにのぞむラグーン北部のクアンガイ村と、同南部のヴィンアン村をめぐるエコツアーを企画した。このうちヴィンアン村は、第7章で紹介したように、二〇〇三年以降海岸砂丘上に大規模なエビ養殖池が造成され、近年はその隣にリゾート開発の計画が進められている村でもある。その調査の際、村の中央を通る道沿いで、ラグーンのエコツアーの看板を何度も目にした（図4）。そのツアーのあらましは、フエ観光局の日本語ホームページにも紹介されている(2)。

それによると、朝八時半にフエ市内のホテルを出発し、まずタムジャンラグーン北部の海岸にあるクアンガイ村をめざす。村では、自転車で村内をまわりながら、足踏み式の揚水機を使って畑地への散水や、ベトナム米の精米を見学する。民家で地元の野菜・魚介類

(1) **Viet Nam News**, 9 April, 2012.
(2) ベトナムの魅力！ Vietnamhuetourism Jimdo（http://www.vietnamhuetourism.com/, 2014.11.11）

を使った昼食のあと、小さな木舟でラグーンに出て、伝統的漁法のエリ漁の仕掛けや、囲い込み網の養殖施設を見学し、フィッシングも体験するという内容である。

図 5　ヴィンアン村アンバン地区に並ぶ豪華な墓
（2012 年 5 月撮影）

その後、バスでタムジャンラグーン南部の海岸にあるヴィンアン村に移動し、フエで一番豪華と言われる砂丘上にあるアンバン地区の墓地を見学する（図５）。アンバン地区には約五千人が暮らしているが、各世帯の八割以上に海外在住の親戚がいるとされ、約十億ドン（約五百万円）に達する豪華な墓の建設費は、そのような海外在住のいわゆる越僑からの送金によると言う。豪華さを競うように建てられたアンバン地区の墓地を抜けて海岸に行くと、誰もいない自然の白砂のビーチで、ツアー客はそこで水遊びを楽しむことができる。

このような企画によって、ラグーンの村が徐々に潤い、また村内のいくつかのグループが協力してホームステイ用に家を改築したり、楽しい企画を考えたりしているとのことであった。

図6　蛇行するオーロウ川に囲まれたフックティック村（2009年6月30日撮影のALOS AVNIR-2のフォルスカラー画像に加筆）

水と緑に囲まれたフックティック村

一方タムジャンラグーンの北西端に流れ込んでいるオーロウ川の中流部、トゥアティエン・フエ省とその北隣のクアンチ省との堺に接する、フォンホア村のフックティック地区でも、新たなツーリズムが芽生えている。ここでも、青年海外協力隊の隊員が村にホームステイしながら、住民の観光振興に対する意識調査や観光資源の発掘、公平な利益配分のための組織作りなどを行っている。以下、そのフックティック地区をめぐる伝統的集落の再生と、それらを活かしたルーラルツーリズムについて紹介しよう。

　フォンホア村フックティック地区は、フエ市の中心部から国道1号線をハノイ方向に約三〇キロ、車で約1時間行ったクアン

図７　村の中心から放射状に川に向かって延びる小道とその先の舟付き場（2012 年 7 月撮影）

チ省との境界に接している。フックティック地区は約百戸の小さな集落からなっており、行政上は村の中の一集落であるが、一般にはこの集落をフックティック村と呼んでいるので、ここでも以下この名称を使うことにしたい。フックティック村は、蛇行する幅六メートルほどのオーロウ川に三方をぐるりと囲まれ、その東側対岸は村の共同墓地となっている（図6）。

この小さな村には、ベトナムの伝統的な建築様式にしたがって建てられ、築百年をこえる古い民家が、二十四軒残っている。そのうち十二軒は、今も村人がそこで暮らしており、あとの半分は、住居ではなく祖先の例を祭る祠堂として保存されている。二〇〇九年には、これらの伝統的家屋を含むフックティック村全体が、ベトナム国家文化財に指定された。

村は、川沿いと中央部が低く、中心から蛇行する川に向かって幅二メートルほどの小道が、放射状に延びている。両脇を低い生け垣に縁どられた小道の先は、それぞれ河岸に設けられた舟付き場となっている（図7）。村の民家は、この放射状の道を軸として、それぞれパラミツやオオバイチジク、マンゴー、リュウガンなどの果樹が植えられ緑豊かな庭の中に、静かにたたずんでいる。一方、川に面する村の外周には、各一族を祭る伝統的型式の祠堂や、カラフルなタイルや陶器片で装飾された、新しい型式の祠堂がいくつも見られる。そのほか、かつてこの地を

図8　2方向の差掛け屋根と3つに区分された内部を持つフックティック村の伝統的民家（2012年11月撮影）

治めていたチャム族の名残りとされる、小さなレンガ造りの廟が、村内の何カ所かにひっそりと残されている。これら水と緑に囲まれ伝統的な民家や祠堂・廟がつくり出す静かな空間は、歩いているだけで気持ちがなごんで来る。

村の歴史と伝統的集落の再生

この村の起源は古く、十五世紀のレタントン王（一四六〇年～九七年）時代にさかのぼり、その後一八〇二年フエに都を置いたグエン王朝時代に、現在のフックティック村に改称された。この村では十五世紀後半から窯業が始まり、小型の壺、花瓶、皿、調理用具など、釉薬を用いない暗赤色の素朴な生活雑器が焼かれていた。フエの王宮にも村の陶器が献上された。とくにオムと呼ばれる芳香米を調理する壺は、一度使うと味が落ちるので使用後に壊され、そのため王宮では毎月三十個のオムを必要とし、それ以来フックティック村の壺は「皇帝御用達の宝石壺」として有名になったそうだ。

最盛期には、村内に大小三十三の窯があり、陸路や川を使った交易が盛んで、北のゲーアン省、クアンチ省、また南のクアンナム省、クアンガイ省ほか、ベトナム各地から舟でこの村に陶器を買い付けに来た。

図9　2010年にベトナムとベルギーの共同プロジェクトで復元された登り窯（2012年11月撮影）

しかし次第にその窯業も衰退し、三十年ほど前の一九八〇年代までなんとか続いていたものの、一九八九年には生産が途絶えてしまった。しかしその後、二〇〇三年にフエを訪れたベトナム建築家協会の巡検グループによる、村の伝統的家屋の再評価や（図8）、二〇〇六年、〇八年に開かれたフェスティバル・フエを契機として、村での陶芸再興への取り組みなどが始まった。二〇〇九年三月には、フックティック村全体が国家文化財に指定されたのを機に、建物だけでなく、村の自然や歴史を訪ね、村の食べ物を少人数で味会う、「ルーラルツーリズム」の試みが始まった。そして二〇一〇年には、ベトナム文化芸術協会とベルギーのフランコフォニー国際機関との共同で、伝統的な登り窯も復元された（図9）。

この間二〇〇九年～一〇年には、日本の昭和女子大学国際文化研究所とベトナムの行政や研究者の協力により、フックティック村のベースマップの作成、建物や樹木、生け垣、家屋の利用実態や生活意識、さらに食生活や服飾、考古学など、伝統的集落の保存に関する総合的調査が行われた(3)。この成果を受け二〇一一年以降、「ヘリテージツーリズム（文化遺産観光）による持続可能な地域づくり」をめざして、佐賀県伊万里市の陶芸家M氏を招いて、陶器の講習会を行ったり、陶芸づくりをツーリズムに活かしたりと、かつて栄えていた窯業の再興に向けての取り組みが行

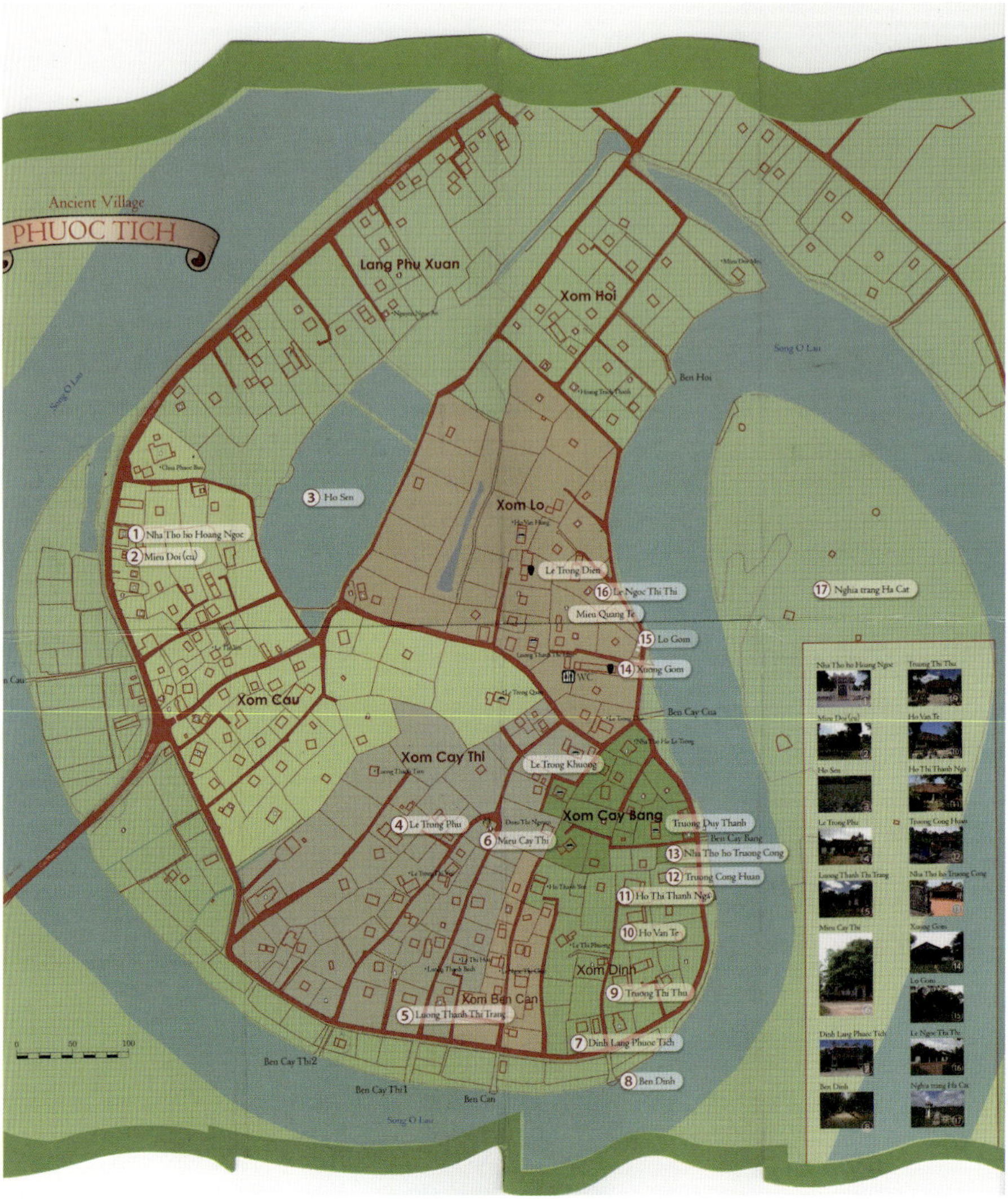

図10　フックティック村のツーリストマップ
（Produced and Edited by: Showa Women's University (Japan) Michio Tachibana, Supported by: JICA）
持ち歩きやすいように八つ折りにできるよう切れ目があり、おもな民家の写真と場所がわかりやすく示されている。

われている。その成果として、二〇一二年三月には、カラー写真満載の英語とベトナム語のフックティック村の概要書(4)と、実際に村を歩く時に使う洒落たツーリストマップも作成された（図10）。

伝統的民家をめぐってローカルフーズを味わう

筆者も、二〇一二年七月と十一月の二回、そのツーリストマップを手に、青年海外協力隊隊員のＯ氏の案内で、村の代表的な伝統的民家を訪ねてみた。

まずは、村の入口に近いところにある、一九三三年に建てられたチャンさん宅である。家の天井部分を見ると、精巧な装飾が施された梁と柱が家を支え、フックティック村の伝統的民家の構造がよくわかる。一方、柱の基礎の部分約三〇センチは、木材ではなくコンクリートになっている。この家は、村の中でも川に近い低い場所にあって、一九五三年の洪水時には柱の下の部分まで浸水した。その対策として、二〇〇三年に柱を根継ぎしたとのことであった。現在この民家は、所有者が村を離れているため、祠堂として保存されているが、村の入り口に近いため、ここを訪れるツアー客の案内所の役目も果たしている。

次に、一八八〇年に建てられたテーさん宅を訪ねた。この家では、二〇一〇年からツアー客を受け入れるために、約一〇人の宿泊と食事ができるように、家を改造した。その客用の寝室の壁に、「この家は、タイル屋根と三つの区画に分かれた部屋を持ち、洗練されたお洒落な門、生け垣、庭がある。（中略）この家は何度か修復されているが、建築当時の形を保っており、

(3) 奈良文化財研究所（2011）「ベトナム社会主義共和国　トゥアティエン・フエ省フォックティック村　集落調査報告書」奈良文化財研究所 , 171p.

(4) Thua Thien Hue Department of Culture, Sports and Tourism（2012）*Ancient Village PHUOC TICH* Thua Thien Hue Department of Culture, Sports and Tourism, 63p.

図11　ツアー客のためのレストランとして利用されているクオンさん宅での昼食（2012年11月撮影）

伝統的木造家屋として高い価値がある」と、ベトナム語と英語の説明板が掲げてある。

次は、家の中と庭先に村の古い陶器が展示されている、築一〇〇年ほどのディエンさん宅である。この家もそうだが、ベトナムの伝統的民家では、風水に基づいて家の前庭に障壁を設け、その内側に川や池に見立てた水盤が置かれている(4)。この水盤に貯められた水は、防火用水を兼ねており、ディエンさんが実際に、竹竿とビンロウジュ（檳榔樹）の先端の樹皮で作った大型の柄杓で、展示館の屋根に水をかけて見せてくれた。

最後に伺って昼食をとったのが、一九〇〇年に建てられ、現在はレストランとして利用されているクオンさん宅であった。村で出される料理は、地元で採れる物を中心に、村の婦人会メンバー一六人が、四人ずつ四班に分かれて準備する。当日の料理は、ナスの炒め煮、イチジクのサラダ、牛ひき肉のロット葉巻、白身魚のトマトソース煮、バインロック（エビ入り蒸し餃子）、野菜炒めとフランスパン。最後にバナナをいただいて、お腹いっぱいとなった（図11）。

フックティック村では、ツアー客を迎える取り組みが始まったばかりだが、どの家でも住民の優しい笑顔がとても印象的だった。

オーロウ川からフックティック村を見る

この村を訪れるツアーのオプションとして、村を囲むオーロウ川を、小型ボートで巡る体験が設定されている。ツアー客十人ほどが座れるように改造された小舟で、下流のミーチャン川との合流地点と、上流の村の共同墓地付近との間を往復する、約三十分の小さな旅である。

図 12　オーロウ川を下る砂や砂利を満載した小舟
（2012 年 11 月撮影）

かつて村では、陶器づくりの原料である粘土や燃料の薪を運び入れ、製品を出荷し、また村人の日常の食料ほか生活物資の輸送のために、十五か所の舟付き場が設けられていた。現在でも、そのうち八か所の舟付き場が使われており、舟運のほか村人が洗濯や洗い物、水浴している姿が見られる。

川では、上流から砂や小石をギリギリまで満載した小舟が、何艘も下ってくる。フエ市内を流れるフオン川中流でも、大量に川砂利を採取し運搬する船が多数見られるが、それに比べるとオーロウ川の砂利採取の舟はとても小さく、たいていは夫婦二人か、それに加えて子供が乗っている（図12）。

一方河岸を見ると、水面より二㍍ほど高いところまで、樹木の幹や枝に多量のビニール袋やゴミがひっかかっており、赤土がむき出しになった垂直の崖も見られる。一部の河岸は、コンクリートで護岸されているが、洪水時には川の水位がかなり上昇し、河岸侵食も起こっているらしい。二〇一一年十一月初旬の洪水時には、フックティック村でも、川の近くにある復元された登り窯が浸水し、また製陶作業場の倉庫にしまってあった陶器が、流れ出す被害もあったそうだ。

自分の時間を過ごすルーラルツーリズム

フックティック村では、一九八九年に村の主産業であった窯業が廃止され、人口も急激してしまった。しかし二〇〇九年から、新たなツーリズムへの取り組みが始まった。すなわち、村に残された伝統的家屋を再生し、陶器づくりの復活やボートツアー体験、そして村の婦人会による地元料理の提供など、従来の観光形態とは違った新しい「ルーラルツーリズム」である。

現在、フエの観光の中心は、世界文化遺産に登録されている旧王宮の建物群と歴代皇帝の墳墓めぐりで、フックティック村を訪れるツアー客はまだ少数である。テーさん宅の宿泊者は、一年間に一〇〇人ほどとのことであった。しかし、最初に紹介した「水田地帯のタントアン橋へのツアー」や「ラグーンの村をめぐるエコツアー」などと同様、ぜひ少人数でフックティック村を訪ね、水と緑に囲まれた村を散策しながら、自分なりのゆったりとした時間を体験してみて欲しいと思う。

11　フオン川の中州の村へ——ヘン島

図１　フエの新・旧市街地を二分するフオン川に架かる
チャンティエン橋（2013 月 8 月撮影）

総人口約三四万人のフエ市では、その市街地のほぼ中央を、幅約三五〇㍍のフオン川が南西から北東に向かってゆったりと流れ、グエン王朝の旧王宮がある旧市街と、観光客向けの立派なホテルやレストラン、商店が多い新市街とに二分される。この両市街地を結ぶのは、上流からザーヴィンエン橋、フースアン橋、そしてチャンティエン橋の三本の橋で、このうちもっとも古いのは、一八九七年にフランスによって架けられたチャンティエン橋である（図１）。この橋は、アメリカ（ベトナム）戦争後に再建され、現在ではフエの美しいシンボルとなっている。旧市街地側の橋詰めには、フエ最大の市場であるドンバー市場と、第８章でも紹介した総合ショッピングセンターがあり、夜は七色に変化するライトによって照らされ、いつも大勢の人で賑わっている。

　そのチャンティエン橋の上からは、フオン川の上流と下流の川中に、それぞれ緑の大きな島があるのを遠望できる。地図を見ると、ベトナム語でコンテュソン（Cồn Triều Sơn）、コンヘン（Cồn

Hến)、そしてコンザーヴィエン（Cồn Dã Viên）と表記された三つの大きな中州が描かれている。ベトナム語でコン（Cồn）とは、中州と言う意味であるが、三つの中州にはそれぞれ、公共施設が設けられたり、大勢の人が住む村があったり、あるいは水田が一面に広がっていたりする。また、日本語のガイドブックでは、これらの中州はいずれも「〜島」として紹介されているので、本章でも以下それぞれの中州を、「〜島」と呼ぶことにする。

フォン川の三つの中州

フォールスカラー合成の最新のＡＬＯＳ画像を見ると、右の三つの中州のうち下流のテュソン島と上流のザーヴィエン島は、どちらも島全体が赤く染まり、大部分が植生に覆われていることがわかる（図２）。地図では、下流のテュソン島の土地利用は現在水田だけで人家はなく、両河岸からの橋は架かっていない。一方上流のザーヴィエン島では、首都ハノイとベトナム最大の都市ホーチミン市を結ぶ、南北統一鉄道がこの中州を横断している。地図では数軒の建物記号が描かれているが、それらは一般の民家ではなく、フエ市の取水・浄水施設である。フエ市内の水道水は、フォン川のより上流でも取水されているが、ザーヴィエン島で取水・浄化された水は、旧市街地方面に給水されている。

これら上・下流の二つの島に対し、フエの新旧の市街地にはさまれてその真ん中にあるヘン島は、北東側の六分の一ほどが少し赤っぽく見えるが、島全体としてまわりの市街地と同じように白っぽく写っている。地形図やグーグルアースの最新の衛星画像を見ても、島の北東部分が水田になっているほかは、全体に多数の人家が確認でき、両市街地と同じくらい密集した住宅地になっている。なお、島の名称の「ヘン」とは、

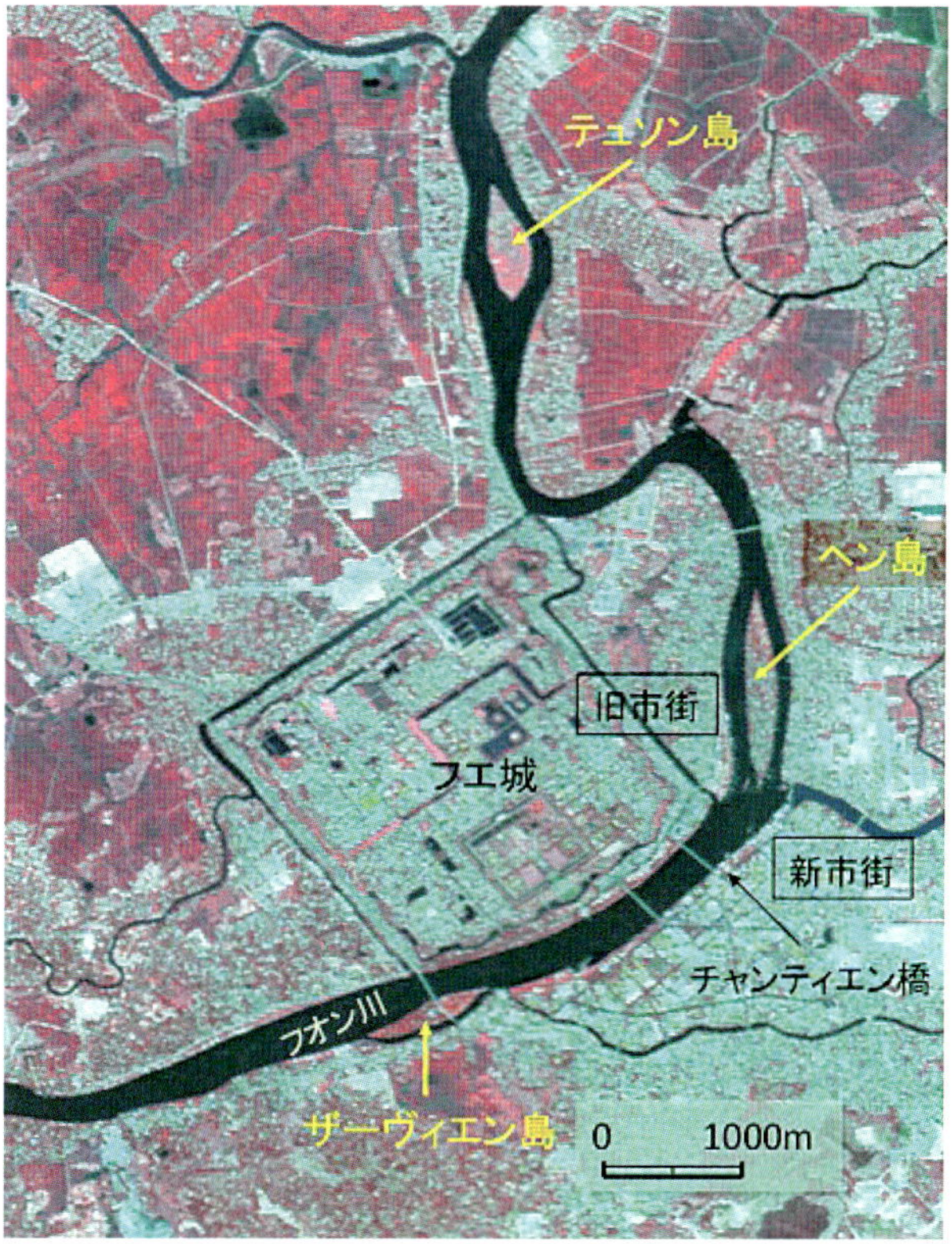

図２　フエ市を流れるフオン川と３つの中洲
（2009 年 6 月 30 日撮影の ALOS AVNIR-2 の画像、フォールスカラー画像に加筆）
フオン川の左岸で三つの直線状運河で囲まれた範囲がフエ城、その南東部の方形の部分がグエン朝の旧王宮。

ベトナム語で「ムール貝、シジミなどの二枚貝」を意味し、日本語のガイドブックでは、「ヘン島＝シジミ島で、この周辺ではシジミ漁が盛んで、名物コムヘン（シジミご飯）の専門店も多い」などと紹介されている。

そこで本章では、フオン川の流れに浮かぶこのヘン島を訪ね、その自然と人々の暮らしぶりをのぞいてみることにしよう。

車両進入禁止の橋を渡ってヘン島へ

ヘン島に歩いて渡るには、フオン川の右岸と島の東側を結ぶ小さな橋を利用するしかない。五万分の一の地形図を見ると、フエの新市街地の中心部から、フオン川に沿って北に延びるグエンシンコン通りを約一キロ北上すると、左手にヘン島の中央に向かう、長さ約一〇〇メートルの橋が架かっていることがわかる。橋の先には

図４　ヘン島に渡る唯一の橋の新市街地側入り口
（2012 年５月撮影）

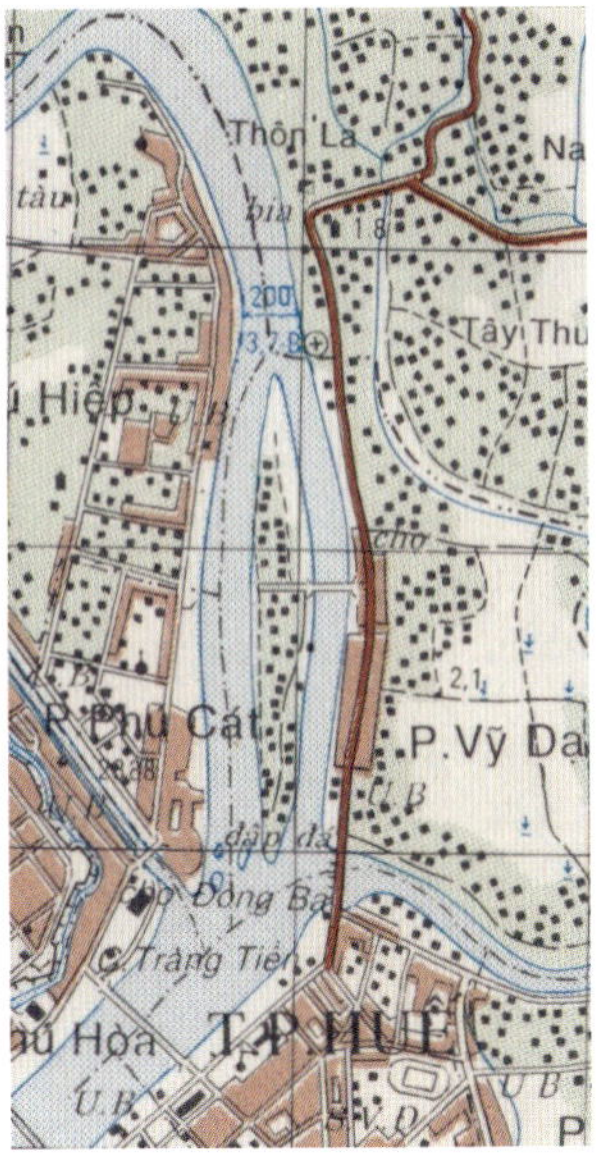

図３　フオン川の中州ヘン島
（1994 年発行の５万分の１地形図「Thanh Pho Hue」の一部、格子は１㎞間隔）

そのまま島の西岸まで道が延びているほか、島の中央付近と西岸にも、細い実線や破線が引かれていることから、島を南北に貫く道もあるらしい（図３）。

さっそく、この橋を渡ってヘン島を訪ねることにした。しかし行ってみると、目指した橋は幅二メートルあまりしかなく、しかもその入り口の頭上には、「車両侵入禁止」と「高さ制限一・八メートル」の大きな標識が掲げられている（図４）。筆者は自転車で訪ねたが、その前をノンと呼ばれるベトナムの伝統的な葉笠をかぶった自転車の婦人が、荷物を満載したバイクやシクロを避けるように走って行く。

この橋を渡って、そのまま約二〇〇メートル直進すると、もう島の反対側に出てしまった。そこは、旧市街地と島とを結ぶ舟付き場になっており、対岸までわずか約二〇〇メートル、小舟でもほんの数分の距離である。向こう岸にも川面に下る小道と、舟付き場を示す青い標識、それに緑色のタクシーが停まっているのがはっきり見える（図５）。

先に示した地形図にも描かれていたが、実際島に渡ってみると、ヘン島には島の真ん中と西岸に、南北にのびる二本の意外と立派な道が走っていた。そのうち西岸の道の河岸側には、広葉樹やバナナなどに混じって密集した竹林も見られ、全体として幅数メートルの土手状になっている（図6）。洪水時には川の流れをやわらげ、土砂の流入や堆積を防ぐ役目を担っているのだろう。

図5　ヘン島西岸の舟付き場、対岸は旧市街地側（2012年5月撮影）

一方、島の中央を通る道沿いには、淡いブルーや薄緑、クリーム色に塗られた塀の住宅地や教会、幼稚園、そのほかカフェやビリヤード店、床屋やバイク修理屋など、小さな店がいくつも見られた（図7）。そのうち小さな食堂の入り口に、大伸ばしの新郎新婦の写真が掲げられており、中では結婚式の披露宴の準備中だった。この道をフオン川上流側の島の南端まで行ってみると、道はそのままフオン川に没し、そこも島と旧市街地とを結ぶ舟付き場になっていた。

初めて訪ねたヘン島では、島を南北に走る二本の道をたどってみたが、「シジミ島」と称するにしては、それらしい様子を見ることができなかった。しかし、島には舟付き場が少なくとも二カ所あることもわかったので、次は旧市街地から舟でヘン島に渡ってみることにした。

小舟でヘン島に上陸

図 6　ヘン島の西岸を通る道と河岸沿いの竹林 (2012 年 5 月撮影)

図 7　ヘン島の中央を南北に通る道沿いの住宅地（2012 年 6 月撮影)

一般の観光地図や地形図には載っていないが、ヘン島を訪ねるには、右に紹介した島の東岸から小さな橋を渡るほかに、複数の航路があることがわかった。そこで、今度は旧市街地から直接小舟で島に上陸することにし、まずはドンバー市場裏手の舟付き場に向かった（コラムⅢ参照）。

舟付き場のあるフオン川西岸のドンバー市場周辺には、路上に平底の大ざるを並べて、小さな貝を満載した行商の女性たちが何人も座っている。大ざるの中身は、シジミ貝かと期待したが、残念ながらシジミではなく巻貝だった（図8）。その様子を見ながら、さっそくドンバー市場裏手から小舟に乗って、ヘン島最南端に向かう。決まった時刻などはなく、お客があれば出航するし、舟賃も交渉で決まった。

図8　ドンバー市場周辺の路上で、小さな貝を商う女性たち
(2012 年 5 月撮影)

舟が出ると、フオン川対岸の新市街地にそびえる、一五階建て五つ星高級ホテルや、建設中の高層ビルが目に飛び込んでくる。そしてフオン川の河岸には、二〇一二年に開店した真新しい水上レストランも浮かんでいる。筆者が乗った小舟は、それらを右手に見ながら、のんびりとヘン島に向かう。

しかし舟は、先日確認した西岸や南端の舟付き場でなく、島の東側に回り込み、ほどなく木々に覆われた急な斜面に着岸してしまった。そこに道はなく、迷いながらも人家の裏庭を通って路地を抜けると、ちょうど何かをゆでる大釜と薪を積んだ小屋の前に出た。その小屋の裏側、川岸の方に行ってみると、ま

図９　ヘン島最南部で見つけた現代のシジミの貝塚
（2012 年 6 月撮影）

るで貝塚のように、シジミの殻が山積みになっていた（図９）。そこには、長さ二㌢ほどの大量のシジミ殻に混じって、長さ十㌢弱のムール貝に似た殻も見られた。先ほどの大釜は、この大量のシジミをゆでるためのもので、やはりこの島はシジミの島だったのだ。よく観察すると、このような「貝塚」は島のその他の場所にも数カ所あって、島の中央の道沿いには「シジミ料理」の看板を出した食堂も確認できた。しかし、その他にはシジミに関連するものは見当たらない。

　第８章でも述べたが、このヘン島より約一三㌔下流に、一九九八～二〇〇〇年に新しいタオロン河口堰が完成した。従来このヘン島付近では、大量のシジミがとれていたが、新タオロン河口堰の完成後には、フオン川を遡上する塩水の量が減少し、この付近の塩分濃度が下がって、それ以降シジミの漁獲が減少したという。その真偽についてはよくわからないが、少なくとも筆者が訪ねた時点では、島全体がシジミ漁とその加工に関わっているという証拠は見当たらなかった。

　それよりも、小さな個人の住宅で、数人の女性がミシンを前に、真剣に縫製作業に精を出す姿が、多く見られたのが印象的だった。フオン川右岸から島へ渡る橋のたもとにも、やや大規模な縫製場がある。島の住民の生業も、今は必ずしもシジミが中心というわけでなく、フエの市街地の真ん中に位置するという特性から、多様なものとなっているようだ。

伝統的な民家や先祖廟が残る島の北東部

一方ヘン島の北東部は、衛星写真や地形図でわかるように、住宅はなく、バナナなどの畑地や湿地、ハス池になっている。島の中央の道を北に進むと、島の北端までは通じておらず、途中で左折して西側の川沿いの道に出る。この付近一帯に商店はなく、第10章のフックティック村で訪ねた伝統家屋によく似た古民家や、先祖を祭る廟が残されていた（図10）。

図10　島の北西部に残る伝統的様式の民家
(2012年6月撮影)

この小さなヘン島は、ガイドブックでは、「シジミ島」と紹介されているが、それだけでなく、変貌はげしいフエ新市街地に対し、ほとんど変化のない家並みと、中州という限られた空間での人々の暮らしを、まるごとうかがえる興味深い場所と言えよう。島の北部には、伝統的様式の民家や先祖廟が残り、島全体としても静かで穏やかな雰囲気のなか、車の来ない小道をゆっくり散策できる。まるで隠れ里のようなところである。

筆者は何度か島を訪ねたが、いずれも一般の観光客にはまったく遭わなかった。しかし、フエ市街地の中心から、小さな橋を渡って、また小舟使ってわずかな時間で訪ねることができるお薦めの場所である。

中州としてのヘン島の将来

ヘン島には現在、七八二世帯、約三八〇〇人（二〇一〇年）が生活している。しかし、この島はフオン川の真ん中に位置する中州で、土地の高さは、河岸沿いで水面から約二メートルしかなく、島の中央部はそれより若干低くなっている。島の南東部の対岸、フオン川右岸に設置された洪水標では、一九九五年に標高三・四メートルまで、そして第一章で述べた一九九九年十一月の歴史的な大洪水時には、これまで最高の同四・三メートルまで洪水位が達したと記録されている（図11）。そしてその後も、二〇〇九年に同三・一メートル、そして一一年十一月にも同二・二メートルまで洪水位が上昇した。これらの数値は、フオン川の洪水時には、ヘン島では住宅の床下から床上まで浸水し、とくに一九九九年の四・三メートル時には、多くの家の軒下近くまで洪水が達したことを物語っている。

本書の「はじめに」で述べたように、現在進行中の地球温暖化・気候変動によって、今後フオン川流域でも、洪水の激化や、さらなる海面の上昇が予想される。これに対し近年、フオン川上流では発電および洪水防止のため、ターチャックダムやフーチャックダムなどの大型ダムの建設が進んでいる。しかしそのようなダム建設によって、上流から下流に運搬される土砂が減少すれば、ヘン島をはじめフオン川の三つの中州は、今後大きな影響を受ける可能性もあろう。

また一方で、ヘン島では近い将来「島の住民を市内山側のトゥイスワン地区に移住させ、島の観光開発を行う」という計画があるとのうわさ話も聞いた。この計画のうち、「住民の移住」については、洪水対策という側面があるのかも知れないが、「住民を移住させての観光開発」については、大きな疑問がある。すな

図 11　ヘン島最南端の東側フオン川河岸にある洪水標
(2012 年 6 月撮影)

わち、今後洪水など大きな災害の可能性があるような場所で、新たな開発を行うことは、先に第3章で述べたトゥンアン町のリゾート開発と同様に、予期されない多くの問題を抱える可能性がある。

ヘン島の将来については、まずは現在生活している住民の、洪水災害の軽減に取り組むことが急務である。そしてここに述べたように、静かで穏やかな島の人々の生活と、中州という空間そのものを地域の資源として、新しい形のツーリズムを創造できないか、今後に期待したい。

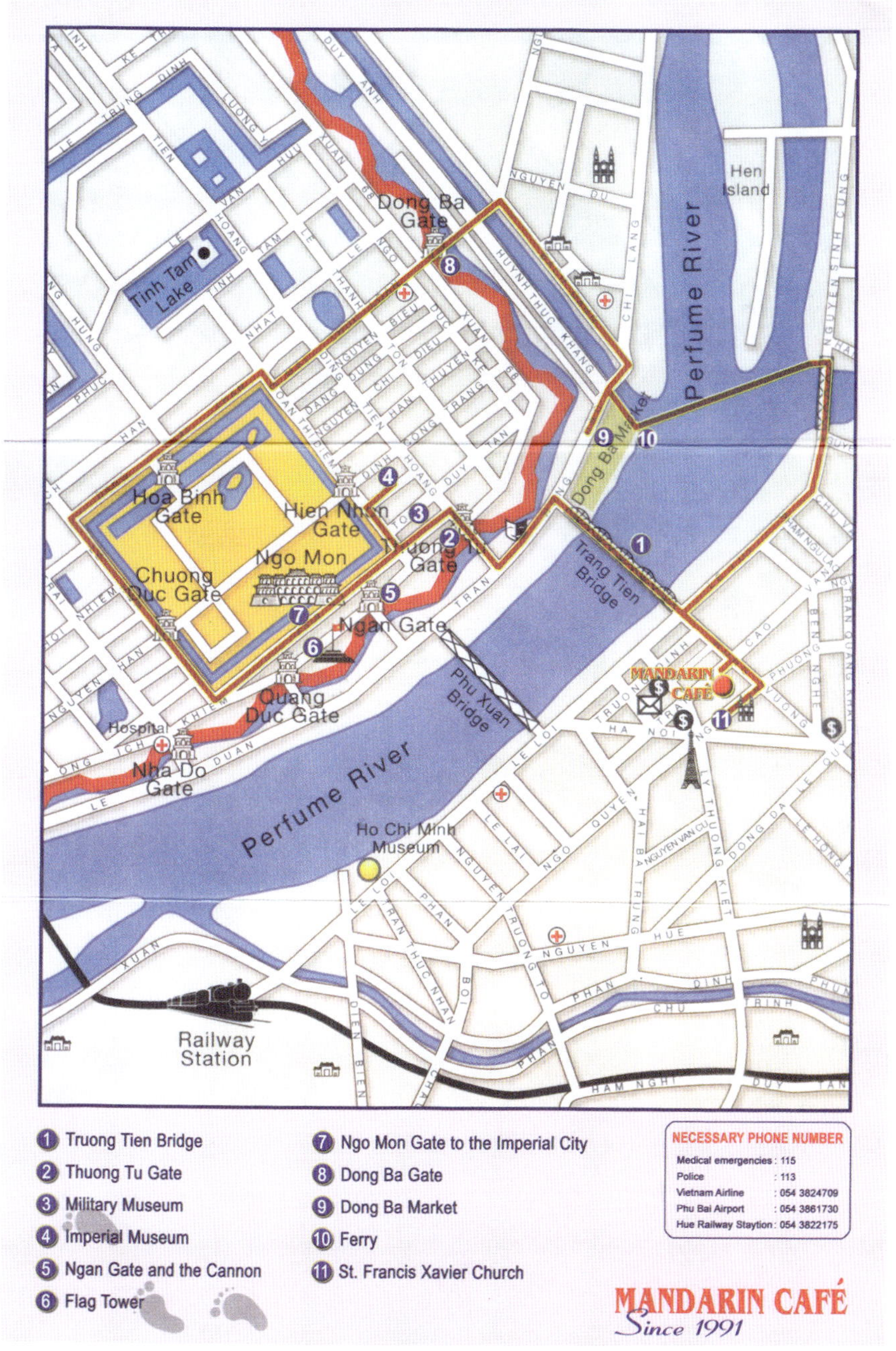

コラムIII　マンダリンカフェのフエ・ウォーキングマップ
持ち歩きに便利なように、防水性の厚紙で三つ折りにできる。無料。

ドンバー川がフオン川と合流する地点には、フエ市で一番大きなドンバー市場（⑨）があり、この市場では値切るテクニックを磨きなさいと忠告している。そして再びフオン川を渡ってカフェに戻るのだが、地図ではフオン川を小さな渡し舟で渡るか、もと来た橋を渡るか、選べると書かれている。私は、クーさんが強く勧めてくれた前者を選択した。

地図では、「ドンバー市場の川に面した最も左奥、小さな美容室が並んだその裏に乗り場あり」と記されている。行ってみると確かに、4～5羽のアヒルが群れるフオン川の河岸に出た。十人も乗ればいっぱいの小さな渡し舟で、乗客は私のほかご婦人が一人だけであった。小学生の息子が長い竹竿で舟を押し出し、その父親がエンジンをかけて出航。途中、川風に吹かれ、青い祠のある小さな中州の脇を通って、5分ほどで対岸の道路脇に無事に到着した。通常の観光案内には載っていないこのフオン川の渡し舟、わずか片道1万ドン（約50円）で楽しむことができる。

このあと地図では、マンダリンカフェに戻る前にもう一ブロック先まで歩いて、右手の聖フランシスザビエルカトリック教会（⑪、1911年建造、フランス植民地だった当時、フエに駐屯した軍隊の礼拝用に建てられたゴシック形式の教会で、前述のテト攻勢のときにも破壊されずに残った）の見学を勧めている。そして最後に、カフェに戻って「あなたが体験したことを、わたしミスター・クーに語って」と結んでいる。

マンダリンカフェのクーさんと話し、彼のお勧めのコースをこうして実際に歩いてみると、ツアーバスやバイクタクシーでの観光地巡りでは得られない、中身の濃い街歩きを楽しむことができた。とくに、城壁に囲まれた旧市街地は、景観保護のため建物の高さが制限されており、街路樹の緑も豊かで、全体的に落ち着いた雰囲気である。そんな街並みを楽しんだり、あるいはかつてのマンダリン（高級官僚）の住宅だったガーデンハウスを利用したカフェで一服しながらの、ローカルな街歩きの魅力はつきない。

コラム III

マンダリンカフェの
ミスター・クー

フエの新市街地にそびえる一六階建ての高級ホテルを見上げる通りの片隅に、小さなマンダリンカフェ（1991 年開店）がある。各国のガイドブックに紹介され、とくに欧米人には人気で、カフェ中央にある大きなテーブルを囲んで、いつも十人前後の旅行客が楽しげに過ごしている。オーナーのクーさんは有名な写真家で、マンダリンカフェは彼のギャラリーも兼ね、店の壁には大きく引き延ばされた作品がいくつも飾られている。作品は、フエで生活している普通の市民を写し取ったものが多く、一般のフエの観光写真や絵はがきとは違った雰囲気を持っている。とくに、水辺での生業に関わる人々の姿にはとてもリアリティがあり、お年寄りや幼い子供のクローズアップ写真には、とても暖かみを感じる。

店の片隅の小さな仕事机に座っているクーさんは、気さくな人柄で、初めて訪れた私に、「わたしは舟の上で生まれ、フエで過ごして 60 年になる」と語ってくれた。三度目に訪ねた私が、「フエのラグーンの環境を研究するために、一年間ここに滞在している」と自己紹介すると、彼はさっそくバイクで私をラグーンに面する彼の撮影現場の村に案内してくれた。その後フエ滞在中は、毎週のように彼のカフェに通うこととなった。

そんなある日、マンダリンカフェの入口に近い所に、「A Walking Tour of Hue」と書かれたＡ４変型判の折りたたみ地図（173 ページの図）が置かれているのに気づいた。裏には、マンダリンカフェを起点・終点として、フエの旧王宮周辺で見るべき場所の、簡単な記事がある。クーさんによると、このガイドマップは、一般の観光案内書にはない彼なりのお勧めの「フエ散策コース」だと言う。以下、さっそくその地図にしたがってフエの街を歩いてみた。

マンダリンカフェを出て左折し、フエ新市街の中心を通るフンブオン通りを真っ直ぐ北西に、フオン川の方に進む。そこで渡るのがチャンティエン橋（①）で、第 11 章で紹介したように、夜には七色に変化するライトアップがなされ、クーさんも夜にぜひまた訪ねるよう勧めている。

チャンティエン橋を渡ったあと、さらに旧王宮囲む第一の城壁に沿う外堀を渡る。そして、第一の城壁に設けられたトゥオントゥ門（②）をくぐると、いよいよフエ城内である。そこではまず、フエ宮廷美術博物館（③）やフラッグタワー（⑥）、旧王宮の正門である午門（⑦）などを見ながら進む。ほとんどのツアー客は、この午門から旧王宮に入り、復元されたいつかの施設を見学して新市街地に引き返す。

ところがクーさんの地図では、旧王宮には入らず、それを囲む第二の城壁を 4 分の 3 周し、旧市街地を北東側に進んで 1841 年建造のドンバー門（⑧）に至る。そして外堀を渡って、さらにその北東側の運河であるドンバー川に沿って、最初のチャンティエン橋に戻るよう指示している。クーさんは、このコース沿いの旧市街地にある小さな店で買い物を勧める一方、「ドンバー門は、1968 年の忌わしいテト攻勢の際、最初の激戦地となった」とも記述している。

12　身近な水辺の再発見――フエ王城

一九九三年にユネスコの世界文化遺産に登録された「フエの建造物群」の多くがあるフエ城は、約二キロ四方の方形の王城で、ジグザグ状の第一の城壁と、それに沿う外堀に囲まれている。外堀の約百メートル外側には、南西、北西および北東それぞれに、長さ約二・五キロの直線状の運河が掘られ、南東側にはフオン川が流れている。すなわちフエ城全体は、これらの運河およびフオン川と、第一の城壁に沿う外堀の二重の水の帯に囲まれている。

一方フエ城の中には、南東部に旧王宮が位置し、一辺が約六〇〇メートルの方形をした第二の城壁と内堀によって守られている。旧王宮正面には、かつて見張り台として使われたフラッグタワーがそびえ、東側にはフエ宮廷美術博物館やフエ省歴史革命博物館などもあり、多くの観光客で賑わっている。これに対し南東側や北西側には、一般の住宅や商店街、市場、小中学校のほか、筆者が一年間在籍したフエ農林大学やフエ芸術大学がある。このあたりは、一九六〇年代発行の地形図では、広い範囲に水田や畑地が残っていたが、現在ではフエ城内のほぼ全域が市街地となっている。

しかしその市街地をよく見ると、ほぼ中央に、南西側と北東側の外堀を結ぶ、延長三七〇〇メートル、幅四四～八五メートルのクランク状のグーハー（御河）と呼ばれる大運河が、城内を二分するように流れている。さらに、この市街地の中に旧王宮内を含めて、大小四十ほどの池沼が散らばっている。これらの池沼は、日本語では

図1　フエ城内の大運河に架かる橋（2012年10月撮影）

池と呼ぶ方がふさわしい小さくて浅いものだが、ベトナム語ではHồ（湖）と標記してあるので、以下では～湖と呼ぶ。一般のガイドブックでは、右に述べたフエ城を囲む二重の城壁や、そこに設けられた合計十四カ所の城門について、写真付きで詳しく説明されている。しかし、城壁に沿う外堀やその外側の運河、あるいは城内の大運河や四十もの湖については、ほとんど何も触れられていない。

しかし実際にフエ城の中を歩いてみると、外堀や城内の大運河はもちろん、旧王宮を囲む内堀に架けられた、数多くの様々な意匠の石造りの橋に出会う。それらを渡りながら水面に映る街や小舟を操る人々の姿を見ると、まるで中国江南の水郷都市のように感じられる（図1）。また、城内の湖沼の中には、中之島を配した大規模なものや、水上レストランやカフェが浮かぶ、街中の小さな湖もある。本章では、そのようなフエ城を囲む運河や堀、また城内の大運河や点在する大小の湖を訪ねてみたい。

フエ城全体を囲む直線状の運河

フエ城の南東側正面は、ゆったりと流れる幅約三〇〇メートルのフオン川に面している。その他三方面の最も外側には、幅約二十～六十メートル、それぞれの長さ約二・五キロの直線状の運河が造られている。これらの運河には、それぞれ名前がつけられ

図２　フエ城を囲むフオン川・運河、外堀・内堀、城内の大運河（グーハー）
（Thua Thien-Hue Cultural- Tourist Map に加筆）

ており、南西側から時計回りに、ケヴァン川、アンホア川、ドンバー川と呼ばれる。これらの運河はすべてつながっており、フオン川ともフエ城の東、南そして北側の三カ所で連結している（図２）。

これらの運河は、十九世紀初頭のフエ城建設時に、フエ城の防御と舟運のために造られたとされる。南西側のケヴァン川および北東側のドンバー川は、それぞれ別名としてフーホータンハー（右護城河）、ターホータンハー（左護城河）と呼ばれ、さらに風水思想に基づいてそれぞれ王宮の西方の守護神である白虎、東方の守護神である青龍に擬せられたとされる(1)。

ところが、そのように人工的に建設された運河であるが、北東側のドンバー川北端の部分だけは、形状が直線ではなく、自然の蛇行流路のように屈曲している。この点については、本章の最後に述べる、フエ城建設以前の自然河川の河道との関連で、考えてみたい。

なおこのドンバー川の屈曲部と、北西のアンホア川に挟まれたところには、星型の小さな堡塁が築かれている。ここもかつては、フエ城全体を囲む第一の城壁と同じ城壁で囲まれていたが、現在その城壁はなくなり、城門の柱だけが残されている。この星型堡塁については、下流の海（ラグーン）からフオン川をさかのぼってくる外敵に対する防御のためと説明されている(2)。この堡塁に面したフエ城北側の一角は、現在も軍隊の病院施設になっていて、かつて堡塁の果たした役割との関連がうかがい知れる。

王宮をまもる二重の城壁と堀

フエ城全体を囲む第一の城壁は、十七世紀のフランスの武将・築城家であるヴォーバン（一六三三年〜一七〇七年）が確立した、ヴォーバン様式の築城術を取り入れた星型城郭となっている。その平面形は、ジグザグになっており、周囲延長約十キロ、高さ六・六メートル、厚さは二十一メートルもある。このうちフエ城正面に当たる南東側に四カ所、その他の三方面にそれぞれ二カ所ずつ、合計十カ所の城門が設けられている。これらの城門の造りはみな同じであるが、それぞれの城門の名前がアーチ型通路の上方に、大きく掲げられている。

第一の城壁に沿う外堀は、幅約二十メートル、深さ約四メートルのやはりジグザグ型の水路で、十カ所の城門の位置に合わせて、外堀を越える橋が架かっている。橋の幅は、城門の通路と同じ約三メートルで、車がすれ違うのは困難なため、交通量の多い南東側四か所の城門と橋は、いずれも一方通行になっ

(1) Phan Thuan An（2011）*Monuments of Hue*. Nha Xuat Ban Da Nang, 195p.
(2) Hue University LRC International Center（2009）*The Unique characteristics of HUE's culture.* The Gioi Publishers, 293p.

図３　第１の城壁の南東側にある「泉南門」と外堀に架かる橋（2012年４月撮影）

ている（図３）。

外堀の多くの場所では野菜の水耕栽培が行われており、夏季には一面の緑に覆われてしまう。また、第一の城壁は厚さが二十一メートルもあるため、一部の城壁上には民家が建ち並び、そこから無造作にゴミが外堀に投げ込まれ、生活排水がそのまま堀に流れ込んでいる。そのため、現在の外堀の水質は必ずしも良好とは言えない。

旧王宮（紫禁城）は、幅六四二メートル×奥行五六八メートルの方形の敷地で、周囲を高さ五メートル、厚さ約一メートルの第二の城壁に囲まれている。第一の城壁と同じように、第二の城壁の外側にも、幅十〜二十メートルの内堀がめぐっている。旧王宮正面に位置する「午門」は、一九六〇年代のアメリカ（ベトナム）戦争での焼失を免れ、世界文化遺産「フエの建造物群」を代表する貴重な建物の一つである。内堀の水面に映し出されたその姿は、規模は小さいがとても優雅に見える（図４）。

その午門付近の内堀は、いつも静かに水を湛え、大勢の観光客を迎える表向きの顔をしているが、同じ内堀でもそれ以外の部分では、城内に住む人々との関わりで、場所や季節によって様々な姿が見られる。例えば、王宮の裏手に当たる北西側の内堀では、四月から七月頃まではピンクと白のハスの花で埋め尽くされ、その花や根（レンコン）は、住民によって収穫される。また北東側の内堀では、乾季に入ると次第に水位が下がり、場所によっては雨季直前には、ほとんど干上がってしまうところもある。そういうところでは、若者が魚を一網打尽にしようと、魚獲りを楽しんでいる姿をしばしば見かけた（図5）。

城内を二分するクランク状大運河

はじめに述べたように、フエ城内には、城内を二分するように南西側と北東側の外堀をつなぐクランク

図4　内堀の水面に影を映す午門
(2012 年 10 月撮影)

図5　乾季に入り水位が下がった内堀で魚取りに興じる若者
（2012 年 5 月撮影）

状の大運河がある。その幅は南西の上流側が四十四メートル、北東の下流側が七十～八十五メートルと、上流側で狭く中・下流側で広くなっている。この運河の上流端と下流端、そして途中三カ所の合計五カ所に、橋が架かっているが、それらはいずれも本章の図1のように、中央の水路の幅や高さが小さいため、小舟しか通過できない。また、運河そのものがクランク状に四カ所も直角に曲がっていることから、この大運河は舟運を主目的に作られたとは言い難い。むしろこの大運河のおもな役割は、城内に降った雨や、城内で使用した水の排水路、また過剰な雨を一時的に貯留し、洪水を軽減するための遊水池としての機能と考えられる。

しかし現在、この運河を中心とした排水や遊水機能は、あまりうまく働いていないようだ。フエ城内の市街地では、近年毎年のように洪水による浸水被害（内水氾濫）が発生している。その要因は、長年の間に大運河の底に厚く泥が堆積し、とくに下流部分では野菜の水耕栽培が盛んで、全体として洪水時の雨水を貯留する容量が減少しているためと考えられる。

その機能回復のため、二〇一〇年よりフエ市とフランスのパリ市との共同プロジェクトが行われている。その事業では、運河の上流端にバルーン式水門を、下流端に排水ポンプを設置し、運河の底泥浚渫、水耕栽培やゴミ投棄の規制、水質保全などの取り組みが実施されている。

皇室用に整備された浄心湖と学海湖

右に述べた大運河の屈曲部には、城内で面積最大のティンタム湖（浄心湖、面積三・六ヘクタールと五・三ヘクタールの2つの部分に分かれる）、第二の面積のホックハイ湖（学海湖、面積三・四ヘクタール）と呼ばれる大きな湖がある。湖の形状はいずれも方形で、周囲に石積みの護岸がなされ、さらに湖の中央にはそれぞれ中之島も配されている（図6）。

このうちティンタム湖は、もとは皇帝と家族、高級官僚のための保養地として、離宮と庭園が整備された。しかし現在では、二〇一二年のフェスティバル・フエを機会に、中之島にカフェレストランが開設され、その壁にはティンタム湖のすぐ北西側にあるフエ芸術大学の学生の作品が多数展示されている。観光客はそれらを眺めながら、湖の名前のごとく心を浄めて、ゆったりと過ごすことができる。

図6　ティンタム（浄心）湖と石積みの護岸が施された中之島（2013年1月撮影）

一方、ホックハイ湖は、かつてその中之島に王室文書館があった。周りを水に囲まれた場所に重要な文書館を設けたのは、万が一の火災の時に延焼の危険を避けるためだったのであろうか。

ところで、これら二つの大きな湖は、なぜこのようなクランク状の大運河に三方を囲まれるような場所に存在しているのであろうか。実は古い記録では、これら二つの湖は、フエ城建設以前に流れていた自然河川の川跡に造られたとされる(3)。先に、クランク状の大運河は舟運ではなく、主に排水路あるいは遊水池としての機能を持っていたと考えたが、この二つの大きな湖もそのような機能を併せ持っていたと推測される。すなわち、フエ城建設以前、もともと河川の流路、あるいは相対的に低く水はけの悪い後背湿地のような場所に、右のような目的のために、人工的にこの二つの湖を整備したのではないだろうか。

フエ城北西側の四つの保湖

フエ城内には、ティンタム湖、ホックハイ湖と旧王宮内の池の他に、約三〇あまりの小さな池沼が分布している。それらの池沼は、いったいどうしてそこに存在し、現在どのような働きをしているのか、以下では、それらの池沼の起源と機能について考えてみたい。

フエ城北西側の第一の城壁の内側には、城壁に沿って細長い四つの湖が造られている。それらの湖は、幅四十四メートル、長さ三四〇～四七〇メートルの細長い形状で、いずれも水面は水耕栽培の植生に覆われている（図7）。これらの湖は、東側から、ハウバウ湖（厚保湖、面積一・五ヘクタール）、ターバウ湖（左保湖、二・一ヘクタール）、ティエンバウ湖（前保湖、二・〇ヘクタール）、フーバウ湖（右保湖、一・六ヘクタール）と称され、いずれも「バウ（保）」と言う語が共通して使われている。記録では、それぞれの場所に兵団の営舎が、一八二七年～三九年にかけて設置されたとある(3)ことから、このバウ（保）という語は、「（城を）守る」という意味を含んでいるのではないだろうか。

ところで、これらの湖の城壁側の湖岸は、城内側の湖岸より一メートル以上高くなっている。図7で左手の城壁側の標高が二・四～二・九メートルであるのに対し、右手の城内側の標高は一・一～一・五メートルで、前者が後者より一メートル数十センチ高くなっている。フエ城外の水田の標高が、一・一～一・三メートル程度であることを考えると、これらの池は、城壁に沿って人工的に地面を掘り込み、その土を城壁およびその周辺に盛り土したと推測できよう。

第一の城壁はのちにレンガで覆われたが、築造当初は外堀を掘削した土が使われたとされる。

(3) Institute of UNESCO world heritage - Waseda University (2007) *Recommendation of guidelines for rehabilitation of Hue's historical water system—Methods for regeneration of water system in Hue-Citadel—*. Final report of Hue water environment improvement project, 114p + 4figures.

図7　第１の城壁の内側に沿う細長いハウバウ湖（厚保湖）
（2013 年 1 月撮影）

そこで第一の城壁の体積と、外堀の容積とを比較してみたが、後者は前者の約六〇%にしかならない。すなわち、城壁と外堀の延長はほぼ等しいが、城壁の厚さは二十一メートル、高さ六・六メートルであるのに対し、外堀の幅は二十〜二十三メートルで、深さは四メートルしかない。したがって、北西側の城壁の延長約二キロの築造に必要な土量は、幅二一メートル×高さ六・六メートル×延長二〇〇〇メートルで、総量は二七七、二〇〇立方メートルとなる。これに対し外堀の掘削土量は、幅二〇〜二三メートル×深さ四メートル×延長二〇〇〇メートルで、総量は一六〇、〇〇〇〜一八四、〇〇〇立方メートルとなり、差し引き約一〇〇、〇〇〇立方メートル不足する。

城壁内側の細長い四つの湖の正確な水深は不明だが、湖の全面に水耕栽培の野菜が繁茂している状況から、水深はそれほどなく、また長年の間の底泥の堆積を考慮しても、水深は一〜二メートル程度と思われる。仮に湖の当初の水深を一・五メートルとして、湖の幅と四つの湖の総延長から、これらの湖を掘削した土量を計算すると、幅四四メートル×深さ一・五メートル×延長（三四〇＋四七〇＋四六五＋三六〇）メートルで、合計一〇七、九一〇立方メートルと見積もられる。この値は、先に概算した城壁築造で不足する土量に、ほぼ匹敵する。

右の計算結果から、フエ城内の北西側に存在する四つの湖は、第一の城壁の築造のために、人工的に掘削されたものと推測することもできる。また、城壁の外側にある外堀とともに、城壁の内側にも堀として細長い水域を設けることで、フエ城の防御の役割も果たしたかも知れない。

水上レストランやカフェもある小さな湖

右に述べた宮廷によって整備されたティンタム湖とホックハイ湖、そして北西側の四つの「〜保湖」以外の湖は、いずれも面積一ヘクタール前後と小さい。フエ城内の格子状に区画された一つの街区は、およそ一八〇〜一九〇メートル四方で、小さな湖はそれぞれの街区の四分の一程度の広さしかない。

しかし、これらの湖の中には、はじめにも述べたように、水上レストランのあるタンミュウ湖（新廟湖、面積一・四ヘクタール、図8）や、東屋風のカフェが浮かぶノンハウ湖（漢字表記不明、面積一・一ヘクタール、図9）など、市民が食事やおしゃべりを楽しむ空間となっている湖も見られる。水上レストランは、筆者が在籍していたフエ農林大学の学部やゼミの食事会でもよく利用したし、カフェには、地元のカップルや釣り糸を垂れた若者たちもくつろいでいた。

このような小さな湖は、全体としては先に述べた大運河の南東側と、北西側にあるものとに分けられる。大運河の南東側は、住宅や商店が密集した市街地となっている。そこに分布する一八湖（ティンタム湖とホックハイ湖を除く、また一湖はすでに埋め立てられて存在しない）は、右のレストランやカフェのある湖のように、湖岸が整備され、見た目の水質も比較的良好である。

一方、大運河の北西側は、市街地といってもまだその一部に畑地が残っている。そこにある一三湖（四つの〜保湖は除く）は、流れ込む土砂や、湖岸に生い茂った植物によって、湖岸線が不明瞭になっているものや、周囲から生活排水やゴミが流入し、いかにも水質に問題がありそうな湖も多い（図10）。

しかしそもそもなぜ、このような約三〇もの小さい湖が、大運河の南東側と北西側に存在するのか、次にこれらの湖の起源を探ってみよう。

自然河川の名残りとしての小さな湖

フエ城内の歴史的な水利システムの再生についての提言書(3)によると、旧王宮の裏側で大運河との間に位置するフォンチャック湖(豊澤湖)とサウ湖（漢字表記不明）については、それぞれ「一八四一年と一八四五年に宮廷の庭園として整備された」とある。また、同じく旧王宮の西側にあるラップ湖（漢字表記不明）とボーセン湖(武生湖)については、「自然

図 8　水上レストランのあるタンミュウ（新廟）湖（2012 年 5 月撮影）

図 9　水上カフェのあるノンハウ湖（2012 年 7 月撮影）

図10　城内の大運河北西側にあるヴォン湖（方湖）南岸
（2012年5月撮影）

河川であったキムロン川の跡」と記載されているのが注目される。すなわち、これらの小さな湖は、護岸の整備など部分的に手が加えられてはいるが、すべてがフエ城建設時に人工的に作られたものではなく、フエ城建設以前にそこを流れていた自然河川の流路の一部を、湖として再生したものと推定される。または、もともと相対的に標高の低い低地や、自然河川の旧河道などを利用しながら、庭園や池として整備され、現在のような形と分布になったと考えられる。

ただし右の報告書には、そのほかの小さな湖の起源については何も記されていない。そこで、フエ城建設前の城内および周辺の、自然河川の流路や当時の土地の形状について、検討してみよう。

五万分の一地形図と衛星画像を判読し、筆者ほかが作成した地形分類図[4]（図11）を見ると、フエ城周辺の土地は全体としてフォン川のつくる氾濫原で、標高三メートル前後の自然堤防と呼ばれる微高地（図11の黄色の部分）と、標高一メートル前後の後背湿地と呼ばれる相対的に低い土地（緑色の部分）が広がっている。図11でフエ城内は人工改変地（ピンク色）に分類したが、フエ城築造以前には、周辺地域と同じように、かつてのフォン川あるいはその支流に沿った幾筋かの自然堤防と、それらに囲まれた後背湿地が広がっていたと推測される。

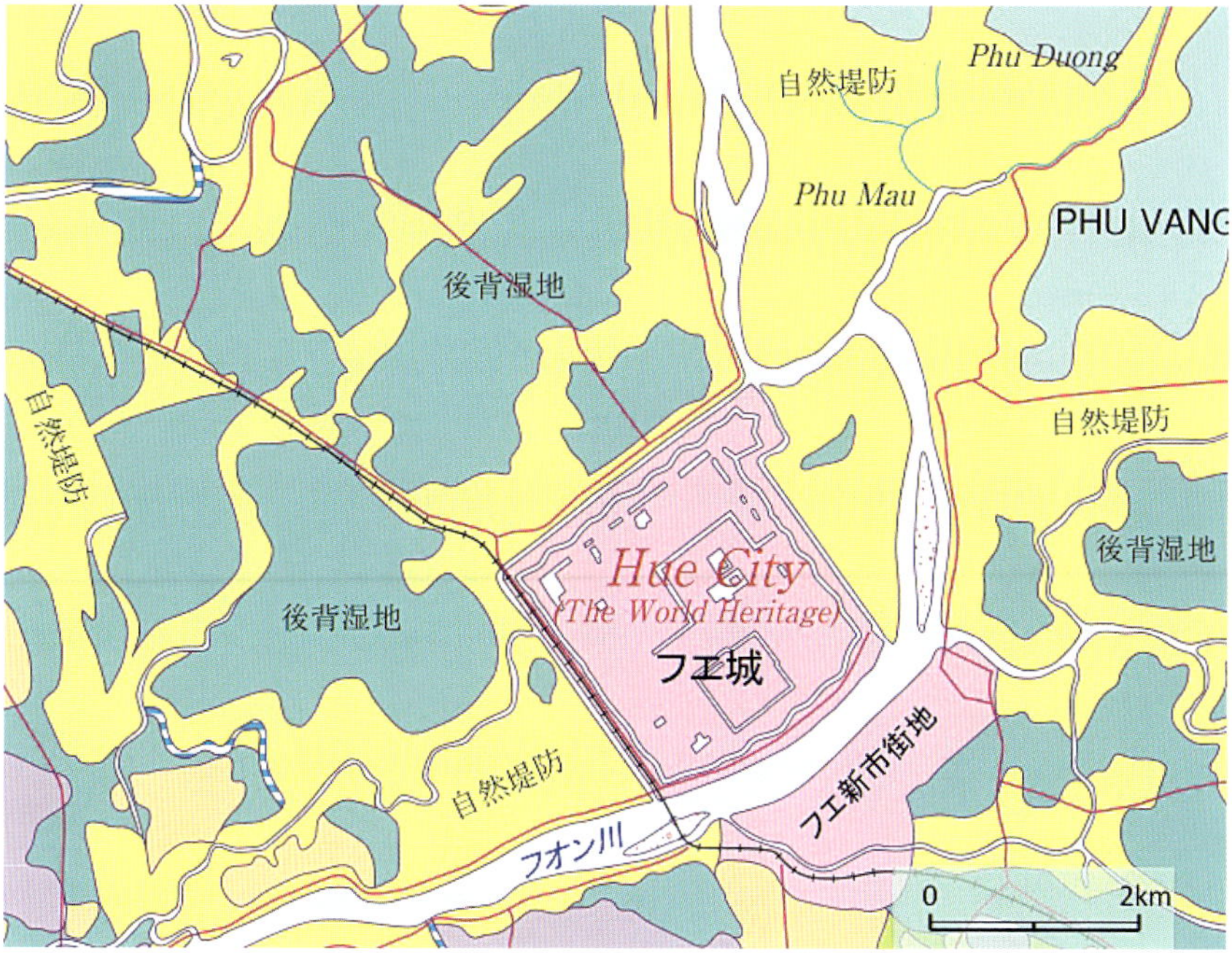

図11　フエ城周辺の平野の微地形（Hirai et al.(2004)[4] に加筆）

フエ城内の詳細な地盤高図を見ると、城内で最も標高が高いのは南東側の王宮正面の広場で、標高四・五～五・一メートルである。王宮内は同三・一～四・二メートルで、北西側の王宮内の大きな池、ノイキムテュイハウホー（内金水湖）に向かって徐々に低くなっている。フエ城内では、中央の大運河の屈曲部付近が最も低く、先に紹介したティンタム湖の中之島は標高一・一メートルしかない。大運河の北西側は、住宅地で標高二・二～二・五メートル、宅地に囲まれて残っている水田や畑地で標高一・二～一・六メートルである。

フエ城建設以前の自然河川の河道復元

フエ城建設時には、王宮の裏側（北西側）を流れていた二つの自然河川を埋めて、新たに三つの河川を作ったとされる（1）。新

(4) Hirai Yukihiro, Nguyen Van Lap and Ta Thi Kim Oanh (2004) A Geomorphological Survey Map of Hue Lagoon Area in the Middle Vietnam Showing Impacts and Sea-level Rise. Department of Geography, Senshu University. p62・63 の図

たな三つの河川とは、先に紹介したフエ城全体を取り囲む直線状の三つの運河、すなわちケヴァン川、アンホア川、ドンバー川のことである。そして、埋められた二つの河川とは、バックエン（白燕）川とキムロン（金龍）川で、それぞれの上流部分は、フエ城の南西側に残っている。現在この二つの川はいずれもケヴァン川に流れ込んで終わっていて、城壁を隔てた城内では、その続きをはっきり確認することはできない。

そこで、フエ城内の詳細な地盤高図、および土地利用図、またグーグルアースの衛星画像を使って、この二つの自然河川の河道を推定してみた。

まずは、フオン川に近いキムロン川について、旧王宮の南西側に分布する八つの小さな湖に注目した。このうち、ラップ湖とヴォーセン湖は、「自然河川であったキムロン川の跡」との記載があることは、すでに述べた通りである。これに注目して、その周辺の湖の分布を見ると、多くの湖が幅約五十メートルの一本の河道としてつながるように見える。そしてその下流側は、やはり先に紹介したように、キムロン川の流路を再生して作られたとされる、ティンタム湖とホックハイ湖につながるように見える（図12）。

同様に、もう一つのバックエン川の下流では、グーグルアースの衛星画像を判読すると、フエ城北西のボム湖およびドアイ湖付近に、旧河道と推定される蛇行した凹地状の地形を見いだすことができる。なおボム湖のボムとは、ベトナム語で「弓なりになった」という意味で、ちょうど旧河道と推定される川筋が屈曲する地点に位置している。またその北側にあるドアイ湖は、幅約三〇メートル、長さ約三〇〇メートルと細長い形をしており、この部分がかつての河道であったことを想像させる。

この旧河道と推定される地形はさらに、フエ城の北側に沿って北東方向に続き、北東端の星型堡塁の南の外堀を横断して、ドンバー川の屈曲部に連続していた考えられる（図12）。先に、フエ城を囲む運河のうちドンバー川の北端部分だけが、自然の蛇行流路のように屈曲していることを指摘した。この部分が、右に

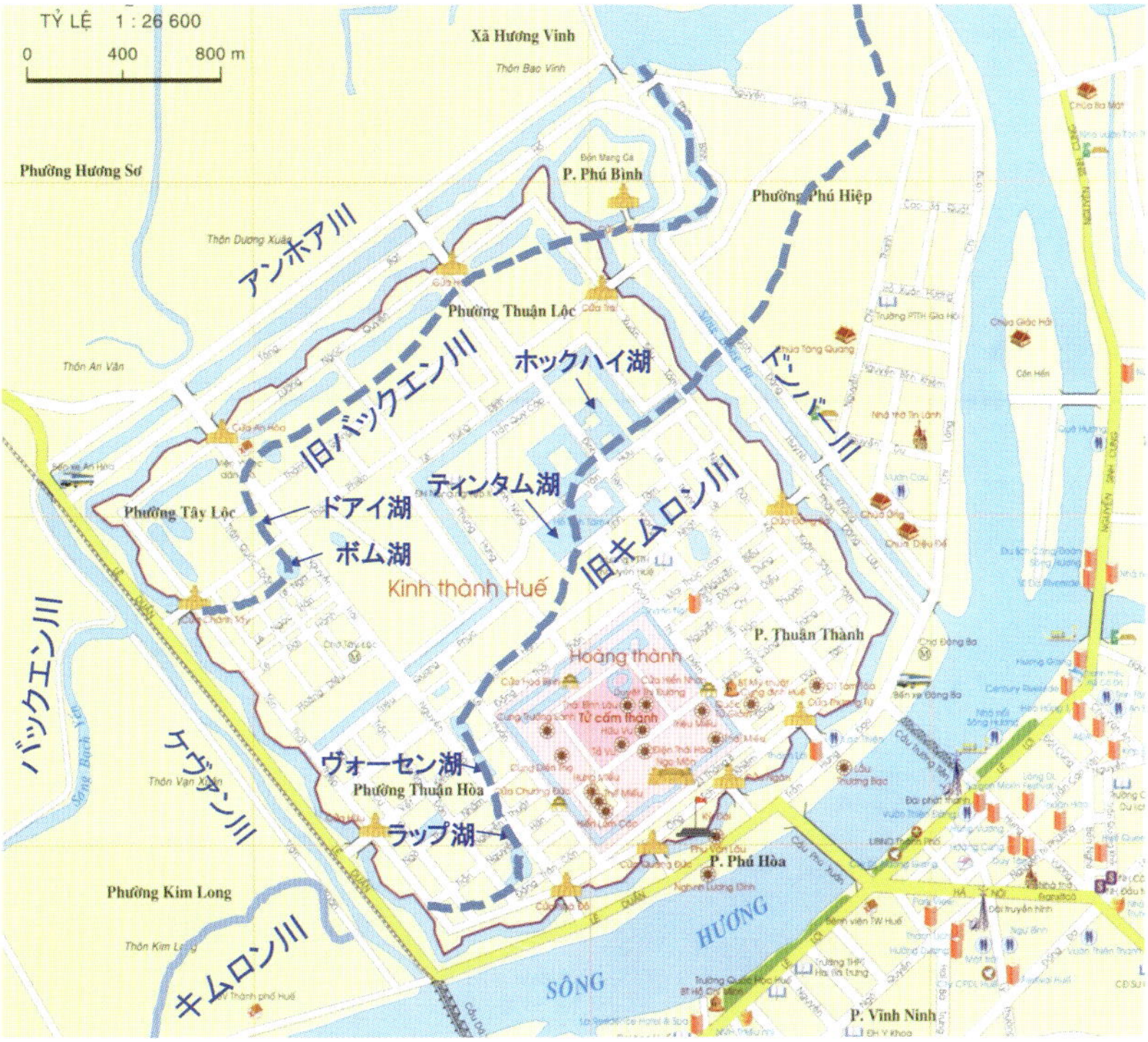

図 12　フエ城建設以前の自然河川の河道復元
（Theu Thin-Hue Cultural-Tourist Map に加筆）

推定したように、かつてのバックエン川の下流部であると解釈すると、うまく説明ができる。

城内の湖沼の再生と活用

一九世紀初頭フエ城建設に際し、フオン川左岸の標高三〜五メートルの相対的に地盤が高い自然堤防上に、フエ城の中心となる王宮が定められた。そして、それを取りまくように各辺約二キロの第一の城壁が築かれ、城内では、キムロン川とバックエン川という二つの自然河川を埋めて、土地が造成された。その際、城内で最も標高が低かったところを中心に、大運河（グーハー）を設け、さらにキムロン川の旧河道付近に、宮廷の関連施設としてティンタム湖とホックハイ湖が整備された。これらの運河と二つの大きな湖は、いずれも城内での降雨や生活排水を排水し、大雨の時の遊水池としての機能を果たしている。

城内の北西側にある細長い四つの湖のある場所は、もう一つの自然河川であったバックエン川の旧河道に近く、もともと土地の低いところであった。そのため、四つの湖は先に述べたように、第一の城壁建設、また城の防御のために人為的に掘削された可能性に加えて、洪水時に遊水池として機能させ、その周辺の土地の浸水を防いだり緩和する機能もあったかも知れない。

そして、ティンタム湖とホックハイ湖、および北西側の四つの湖を除く、その他の小さな湖の多くは、かつての自然河川の河道や、もともと低い後背湿地のような場所を、完全には埋め立てないで、一部を街中の水域としてあえて残したものと考えられる。それはやはり、降雨時の遊水池としての機能と、同時に灌漑用水や防火用水の水源としての役割もあったと考える。そのほか、人々にとって好ましい水辺空間を確保し、周囲の気候を緩和するなど多様な機能を持っていたのではないだろうか。

しかし、これらの小さな湖の多くは、近年城内の市街地化が進み、湖岸際まで住宅が密集し、また土砂の流入や植生に覆われて水面が縮小したり、さらにゴミや汚水などで劣悪な水質になっている。さらに、城内での内水氾濫による洪水の被害も頻発している。このような現状に対し、まずはその洪水対策として、大運河だけでなく、これらの小さい湖の排水や遊水機能を高めることが緊急に必要である。そして、水質の改善や湖岸の整備を行い、多様な機能を持っている湖を、今一度再生し活用することが、城内の住民の生活環境の改善だけでなく、新たなツーリズムの資源としても活用できるのではないだろうか。

現在フエ城を訪れる観光客のほとんどは、旧王宮内とその周辺地区を見て、新市街地方面に戻ってしまう。一部の個人や数人のグループだけが、中央にあるティンタム湖とホックハイ湖を訪れるのみである。しかしながら、本章で述べてきたように、中央の大規模な湖だけでなく、その他の小さな湖も、それぞれに住民とのつながりがあり、様々な価値を持っている。中には、先にも述べたように、一九世紀中頃に宮廷の庭園として整備されたフォンチャック湖やサウ湖のように、歴史的意義の高い湖も存在している。

今後、これらフエ城内に残された多くの湖を再生することで、市民のみならず観光客にとっても、市街地の中の魅力ある水辺空間として、活用できるのではないだろうか。それは、フエの旧王宮など既存の施設と合わせて、フエ城全体の新たな観光資源としての可能性も秘めていると考える。

おわりに

一九九九年十二月私は、新潟大学の立石雅昭教授（当時）のもと、ホーチミン市資源地理研究所のＮ・Ｖラップ博士、Ｔ・Ｔ・Ｋオアン博士らと、メコンデルタでの地形・地質調査に携わっていた。その際、その一月ほど前に、ベトナム中部のフエで大雨と高潮によって大水害が発生し、多くの犠牲者が出たことを知らされた。ベトナムでの現地調査は、それまでメコンデルタを三度訪れていたが、ベトナム中部にはまだ行ったことはなかった。しかし、ベトナム中部のトゥアティエン・フエ省あるタムジャンラグーンというベトナム最大の湖のことは、とても気になっていた。

というのも、これまで私は日本のサロマ湖、小川原湖、霞ヶ浦、中海・宍道湖などの、海岸平野に位置する海跡湖（ラグーン）の地形発達について研究してきた。その後一九九〇年代後半からは、タイ南部のマレー半島東岸にあるソンクラー湖を研究対象とし、湖とその周辺地域における災害や、開発に絡む様々な環境問題、また地球温暖化・海面上昇による影響予測評価などの調査を進めていた。そして、その仕事の延長として、東南アジアの代表的なラグーンである、ベトナム中部のタムジャンラグーンに注目していたからである。

そこで、一九九九年十一月に起こった、ベトナム中部のラグーンおよび周辺地域での水害の実態を知るために、是非現地を訪ねたいと思った。幸い翌年の三月、わずか三日間ではあったが、タムジャンラグーンでとくに被害が大きかった二カ所の湖口や、フエ市街地を貫流するフオン川の中・下流部、そして多数の崩壊や土石流が発生したハイヴァン峠の北側斜面などを、現地調査する機会に恵まれた。実際に現地を訪ねてみると、先の大水害による直接的な被害のほかに、ラグーンの湖岸や海岸地帯では、激しい海岸侵食が発生していることも知らされた。

ちょうどその頃、私は海面上昇の影響や、適応策に関する研究に関わることになった。そこで、このフエのラグーン地域を対象として、一九九九年の大水害を踏まえ、将来の海面上昇の影響を予測評価し、その対応策を検討することを研究課題とした。それ以降、毎年のように二〇一一年十二月までに、合計一〇回フエのラグーンを訪れたが、その十年間に、海面上昇の影響予測評価・適応策だけでなく、先の大洪水後に急速に広がったエビの養殖と、それに伴ういくつかの深刻な環境問題にも研究の関心が広がっていった。

そして二〇一二年には、勤務先の駒澤大学で一年間のサバティカルの機会を得た。そこで研究テーマを、「ベトナム中部のタムジャンラグーンにおける地球温暖化・海面上昇の影響に対する沿岸域の総合的管理」とし、フエにあるフエ農林大学に客員研究員として一年間滞在し研究することとなった。

その受け入れ先は、同大学土地資源・農業環境学部のN・Hグー博士であった。同学部長のH・Vチュオン博士はじめ、多くの教職員および大学院生の方々には大変お世話になった。また、フエでの宿泊先であったタンノイホテルのスタッフほか、一年間のフエ滞在中には、多くのベトナムの人々に懇意にしていただいた。感謝の意を込めて、カバー見返しにその方々の写真を付した。

本書は、右に述べたように、一九九九年のベトナム中部の大水害を契機とし、二〇一二年度の在外研究期間を含む二〇〇〇〜一三年にかけて行った、一連の調査・研究をまとめたものである。

本書で取り上げたフエのラグーン地域では、地球温暖化・海面上昇によって、今後も様々な重大な問題が発生し、地域住民の生活や生業に大きな影響が及ぶことが予測される。第Ⅰ部の各章で繰り返し述べたように、海面上昇に加え、温暖化による台風の強大化や、沿岸流の変化などによって、海岸地帯では現在以上に深刻な海岸侵食が発生し、継続することが予想される。

そのような様々な影響への対応として、最小限の防波堤や突堤、護岸などハードな構造物は必要で、それらは確かに短期的または部分的には有効であろう。しかし、長期的な視点から見れば、将来の海岸侵食等に対して脆弱な、湖岸の低地、砂浜、砂丘地帯では、科学的な影響予測評価に基づいて、居住を含む土地利用を制限し、一部の集落については、計画的に移住するという戦略を立てざるを得ない。

また二〇〇〇年以降急速に広まったエビ養殖をはじめ、ラグーン域での各種の生業についても、様々な影響を受けることが懸念される。例えば、今回の調査対象地域のうち水田型養殖が広がるヴィンハイ村では、二〇〇九年八・九月の台風時の風浪で、幅約二〇〇〓の浜堤を乗り越えて、大量の海水が流入した。そのため、既存のエビ養殖池より上流の水田でも、稲作が不可能となり、その一部はカニ、エビ、小魚などの混合養殖の池に転換され、既存の養殖池では天然のカニが発生したという。そのような台風時の風浪による海水の侵入は、従来はめったに起こらなかったが、最近は毎年のように越波があるとのことであった。

さらに、第Ⅱ部第7章で述べたように、海岸侵食と海面上昇によって、海岸砂丘地価の淡水レンズが縮小することも予想される。そうなると、現在水道がなく、生活用水を地下水に頼っている地域の人々の日常生活に、大きな問題が生じる。

今後は、将来の地球温暖化・海面上昇の影響について、各地域の人々の生活や生業に即して、よりきめ細かく予測評価することがますます重要になろう。私も、今回取り上げたフエのラグーン地域での、人々の持続的な暮らしが可能となるよう、具体的な土地利用計画や生業のあり方などについて、地理学の視点からさらに研究を進めたい。

本書各章のうち、第1章、第5章、第6章は、それぞれすでに公表した以下の論文をもとに、本書のスタイルに合わせて大幅に書き直したものである。

第1章：平井幸弘・グエン ヴァン ラップ・ターティ キム オアン（二〇〇四）ベトナム中部フエラグーン域における一九九九年洪水後の急激な環境変化　LAGUNA（汽水域研究）一一　一七〜三〇

第5章：平井幸弘（二〇〇九）ベトナムのラグーンで何が起こっているのか？　地理　五四（八）　九五〜一〇五

第6章：平井幸弘・佐藤哲夫・田中靖（二〇一〇）ベトナム中部タムジャン・ラグーンにおけるエビ養殖の拡大と環境問題―高解像度衛星画像を用いた湖沼環境評価―　地学雑誌　一一九　九〇〇〜九一〇

また本書の第3章、第4章、第8章、第10章、第11章は、二〇一二年度の在外研究期間に、駒澤大学文学部地理学科のホームページで公表した一連の「ベトナム・フエ便り」の文章をもとに、加筆修正した。その他の章は、本書をまとめるにあたり、今回新たに書き下ろした。

なお、本書のもとになったベトナム・フエでの調査及び研究は、以下の研究助成による。

平成9〜11年度環境庁地球環境研究総合推進費（研究分担者）「海面上昇の影響の総合評価に関する研究」（研究代表者：茨城大学　三村信男）

平成14〜16年度科学研究補助金（基盤研究（A）、研究分担者）「気候変動・海面上昇に対する適応策に関する総合的研究」（研究代表者：同右）

東京地学協会平成21年度研究・調査助成金（研究代表者）「ベトナム中部タムジャン・ラグーンにおける高解像度衛星画像を用いた湖沼環境評価」

平成19〜21年度科学研究費補助金（基盤研究（C）、研究分担者）「東アジアにおける湖沼と干潟の環境問題

と共有資源の管理システム」（研究代表者：広島大学　淺野敏久）
平成22～24年度科学研究費補助金（基盤研究（B）、研究分担者）「ラムサール条約登録湿地の保全と利用をめぐる政治地理学的研究」（研究代表者：同右）
平成25～27年度科学研究費補助金（基盤研究（B）、研究分担者）「湿地のワイズユース再考：グリーン経済化の流れとその問題点」（研究代表者：同右）

また、本書の出版にあたっては、平成26年度駒澤大学特別研究出版助成を受けた。

以上、右に掲げた共同研究に誘って下さった方々、研究助成をしていただいた関係機関、現地でお世話になった多くの方々に、この紙面を借りて深く御礼申し上げます。

最後になりましたが、古今書院の関田伸雄氏には、本書のとりまとめおよび出版に関し、今回もまた大変お世話になりました。ここに記して、厚く御礼申し上げます。

二〇一五年一月三〇日

平井幸弘

ち

つ

て

と

な

に

の

は

ひ

ふ

き

く

け

こ

さ

し

す

せ

そ

た

索　引

著者紹介
平井　幸弘　ひらい　ゆきひろ

1956 年　長崎県生まれ
1985 年　東京大学大学院理学研究科地理学専攻博士課程単位取得
現　　在　駒澤大学文学部教授，博士（理学）

主な著書
『地形分類の手法と展開』（共著）古今書院，1983 年
『空から見る日本の湖沼』（分担）丸善，1991 年
『風景の中の自然地理』（共著）古今書院，1993 年
『防災と環境のための応用地理学』（共著）古今書院，1994 年
『湖の環境学』古今書院，1995 年
『地形分類図の読み方・作り方』（共著）古今書院，1998 年
『地形工学セミナー２　水辺環境の保全と地形学』（共著）古今書院，1998 年
『海面上昇とアジアの海岸』（共編著）古今書院，2001 年
『環境問題の現場から』（共著）古今書院，2003 年
『水辺の環境ガイド―歩く・読む・調べる』古今書院，2005 年
『温暖化と自然災害―世界の六つの現場から―』（共編著）古今書院，2009 年
ほか

書　名　ベトナム・フエ ラグーンをめぐる環境誌
―気候変動・エビ養殖・ツーリズム―
コード　ISBN978-4-7722-7138-7　C3025
発行日　2015（平成 27）年 2 月 28 日　初版第 1 刷発行
著　者　平井幸弘

発行者　株式会社古今書院　橋本寿資
印刷所　三美印刷株式会社
製本所　三美製本株式会社
発行所　古今書院
〒 101-0062　東京都千代田区神田駿河台 2-10
電　話　03-3291-2757
ＦＡＸ　03-3233-0303
振　替　00100-8-35340
ﾎｰﾑﾍﾟｰｼﾞ　http://www.kokon.co.jp/
検印省略・Printed in Japan